混沌与小波变换
在混沌分组密码中的
应用研究

杨华千 韦鹏程 石熙 成平广 著

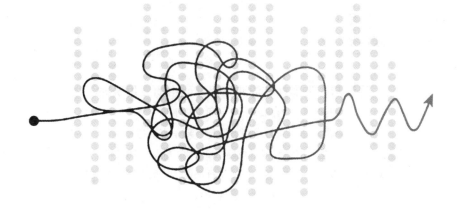

HUNDUN YU XIAOBO BIANHUAN
ZAI HUNDUN FENZU MIMA ZHONG DE
YINGYONG YANJIU

中国财经出版传媒集团
经济科学出版社
Economic Science Press

图书在版编目（CIP）数据

混沌与小波变换在混沌分组密码中的应用研究／杨
华千等著 . -- 北京：经济科学出版社，2022. 12
ISBN 978 - 7 - 5218 - 4416 - 0

Ⅰ. ①混⋯　　Ⅱ. ①杨⋯　　Ⅲ. ①混沌理论 – 应用 – 密码
术 – 研究　　Ⅳ. ①TN918. 1

中国国家版本馆 CIP 数据核字（2023）第 014042 号

责任编辑：周胜婷
责任校对：靳玉环
责任印制：张佳裕

混沌与小波变换在混沌分组密码中的应用研究
杨华千　韦鹏程　石　熙　成平广　著
经济科学出版社出版、发行　新华书店经销
社址：北京市海淀区阜成路甲 28 号　邮编：100142
总编部电话：010 – 88191217　发行部电话：010 – 88191522
网址：www. esp. com. cn
电子邮箱：esp@ esp. com. cn
天猫网店：经济科学出版社旗舰店
网址：http：//jjkxcbs. tmall. com
固安华明印业有限公司印装
710 × 1000　16 开　10. 5 印张　160000 字
2023 年 1 月第 1 版　2023 年 1 月第 1 次印刷
ISBN 978 – 7 – 5218 – 4416 – 0　定价：68. 00 元
（图书出现印装问题，本社负责调换。电话：010 – 88191510）
（版权所有　侵权必究　打击盗版　举报热线：010 – 88191661
QQ：2242791300　营销中心电话：010 – 88191537
电子邮箱：dbts@ esp. com. cn）

前　　言

混沌运动是一种确定性的非线性运动，它广泛存在于自然界，如物理、化学、生物、社会等各种领域。混沌信号具有遍历性、非周期、连续宽带频谱、似噪声的特性，与密码学之间具有天然的联系和结构上的某种相似性，特别适合于保密通信领域。

本书全面详细地介绍了混沌密码学的相关理论和相关算法。全书共分为 8 章，包括混沌理论基础、混沌密码技术、群论基础、小波变换基础理论以及一些典型的基于混沌的分组密码算法等内容。

第 1 章绪论对本书涉及的知识体系及其之间的关系做了简单介绍。

第 2 章首先介绍了混沌运动的特征及有关混沌的各种定义，接着归纳总结了刻画混沌吸引子的各种方法，然后介绍了一些在密码学中常用的混沌系统。

第 3 章主要介绍了基于混沌理论的密码技术。在介绍密码学基本知识和混沌与密码学关系的基础上，重点介绍了混沌序列密码、混沌分组密码、混沌分组密码的设计思路以及混沌密码的分析技术。

第 4 章引入有关群论的基础理论，包括群和有限域的一些性质和密码学中经常用到的几种重要的交换群。

第 5 章详细介绍了几种典型的混沌分组密码算法。

第 6 章引入小波变化的基础理论，包括连续小波和离散小波的性质以及离散小波变换在图像压缩中的特性及应用。

第 7 章主要介绍了一种基于 SPIHT 的图像加密与压缩关联算法。首先对 SPIHT 编码过程做了简单介绍，然后对图像加密与压缩的关联算法做了详细介绍，最后对算法的安全性和效率进行充分的讨论。

　　第 8 章详述了基于混沌映射网络的快速图像加密与认证算法。首先介绍了图像 Hsah 混沌映射网络，接着介绍了图像的加密与认证算法，最后对算法的性能进行了详细的分析。

　　本书的内容主要取材于笔者在学校读书和随后工作期间的研究内容，在此期间得到了廖晓峰教授和众多同门师兄弟的无私指导和奉献。有些研究内容也是在和他们的交流讨论过程中受到启发，使笔者受益匪浅，在此向他们深表感谢。另外，书中参考了很多国内外专家和同行学者的论文，在此一并向相关作者表示衷心的感谢！

　　本书由重庆第二师范学院杨华千、韦鹏程、石熙和成平广老师共同完成，并得到儿童大数据重庆市工程实验室、交互式教育电子重庆市工程技术研究中心、电子信息重庆市重点学科、计算科学与技术国家一流专业、"儿童教育大数据分析关键技术及其应用研究"重庆市高校创新研究群体、重庆市教委科学技术研究项目（NO. KJZD – K202201603）的支持！

　　由于笔者水平有限，书中可能存在一些纰漏，敬请读者批评指正。

作者

目录

绪　　论

随着计算机技术、通信技术和信息处理软件的快速发展，数字信息的商业应用取得了巨大的成功。当今社会正面临着一场信息革命，信息是21世纪最重要的产品。然而，数字信息易于拷贝和发布，也给其商业应用带来了诸多安全问题，譬如数字信息内容的保护、信息版权的认证和数据的完整性等问题。

在信息安全工程中，密码是保护信息安全最关键的技术和最基本的手段。目前，在国防和商业信息的加密中应用最多的是基于 20 世纪 60 年代香农（Shannon）的信息理论发展而来的现代密码学。例如，经典的对称加码系统 DES、IDEA、AES，以及公钥密码算法 RSA、ElGamal 等。随着密码分析学的不断发展、攻击方案的不断改进和计算机技术的日益更新，许多传统的加密方法已显得容易被攻破。如广泛使用的 m – 序列，只需知道 2n 个比特（n 为寄存器的级数）的码元就能破译该系统；美国的加密标准 DES（56 比特）已经于 1997 年 6 月 17 日被攻破；在 2005 年，商业应用中广泛应用的 Hash 散列算法 MD5 和 SHA1 已被成功破解。由此可见，网络信息安全领域急切希望拥有更安全、实现方便、有效的信息保护手段。随着基础理论和科学技术的不断发展，目前一些新兴非传统的方法进行信息加密与隐藏的方向在国外得到充分的重视和大量的研发投入，其中混沌密码学理论就是被广泛采纳和得到广泛研究的方法之一。

混沌理论是研究特殊复杂动力学系统的理论，混沌和密码学之间具有的天然联系和结构上的某种相似性，启示人们把混沌理论应用于密码学领域。自从混沌理论与密码学的紧密联系被揭示出来后，混沌这一具有潜在密码学应用价值的理论便逐渐得到国内外众多研究者的极大重视[1-78]。混沌系统的动力学行为极其复杂，难以重构和预测。一般的混沌系统都具有以下基本特性：确定性、对初始条件的敏感性、混合性、快速衰减的自相关性、长期不可预测性和伪随机性。而混沌系统所具有的这些基本特性恰好同密码学的基本要求相一致。密码学的两条基本原则混淆和扩散在混沌系统中都可以找到相应的基本特性：遍历性、混合性以及对初值和参数的敏感性等[21]。混沌系统的确定性则保证了通信双方加密和解密的一致性；只要对混沌映射的基本特性加以正确的利用，通过易于实现的简单方法就能获得具有很高安全性的加密系统。另外，近几十年非线性系统的研究成果为加密变换的密码学分析提供了坚实的理论依据，使得混沌加密系统的方案设计和安全分析能从理论上得到保证。

虽然这些年混沌密码学的研究取得了许多可喜的进展，但仍存在一些重要的基本问题尚待解决。在我国，信息安全研究起步较晚、投入少，研究力量分散，与技术先进的国家有差距，特别是在系统安全和安全协议方面的工作与国外差距更大，研究和建立新型安全理论和系列算法，仍然是一项艰巨的任务。设计具有自主知识产权的新型高性能的混沌密码体制是当前亟待解决的重要问题。

图像压缩编码是指用尽可能少的数据表示信源发出的图像信号，以减少容纳给定消息集合的信号空间，从而减少传输图像数据所需的时间和信道带宽。

1987年，马拉特（Mallat）首次巧妙地将计算机视觉领域内的多尺度分析思想引入小波变换中，统一了在此之前的各种小波的构造方法[8,9]。之后，他又研究了小波变换的离散形式，并将相应的算法应用于图像的分解与重构中，为随后的小波图像压缩编码奠定了基础。进入20世纪90年代，又取得了一系列图像压缩编码研究的阶段性新成果，EZW 编码算法、SPIHT 编码算法被认为是目前世界上比较先进的图像压缩编码算法，这两种算法均具有结构简单、无须任何训练、支持多码率、图像复原质量较理想等优点，但同时又都不同程度地存在算法时间复杂度和空间复杂度过高的弱点。而小波变换的图像压缩编码算法已成为目前图像压缩研究领域的一个主要方向。

一般说来，利用小波变换进行图像压缩需要经过以下步骤：（1）选择具有紧支集的正交小波及对应的滤波器；（2）对源图像进行二维小波变换，得到不同层次不同图号的子图；（3）根据不同层次不同子图的特点，对相应小波系数的各个部分进行数据向量的量化编码。例如，在 JPEG2000 标准中，首先要对图像进行（9，7）小波变换（浮点、不可逆）或（5，3）小波变换（整数，可逆），然后采用基于 AC 编码技术的 MQ 编码器对小波系数按位平面进行算术编码，从而实现压缩。

从我们所掌握的资料来看，图像压缩技术和图像加密技术虽然已经取得了丰富的研究成果，但在 2000 年以前却很少出现压缩与加密同步实现的研究。进入 21 世纪以来，随着多媒体信息的广泛应用和互联网的飞速发展，图像压缩与加密同步实现研究逐渐成为一个研究热点。2006 年，刘江龙（Jiang-Lung Liu）基于密钥和映射函数秘密地修改 MQ 编码器的初始 Qe 表，在 JPEG2000 中达到了图像压缩与选择性加密的同步实现。冉扬·博思（Ranjan Rose）和萨米尔·帕沙克（Saumitr Pathak）等 2006 年提出了一种基于双混沌系统和标准自适应 AC 编码的压缩与加密同步实现算法；2008 年，黄和国（K. W. Wong）和袁清宏（Ching-Hung Yuen）在经典的巴普蒂斯塔（Baptista）混沌密码系统中根据符号出现的频率分配不同的区间大小，取得图像的压缩与加密同步实现功能。

随着数字信号处理研究的不断发展，数字图像信号、语音信号等被大量地引入有关领域，人们对图像像素精度、色彩层次等信息的要求越来越高，使得图像文件的原始尺寸越来越大。同时，社会对图像的隐私、版权意识等也越来越强。因此，图像压缩与加密同步实现将是未来一段时间的研究热点。

2

混沌理论基础

2.1　身边的混沌现象

　　混沌现象是指在确定性系统中出现的一种貌似无规则、类似随机的现象，是自然界普遍存在的复杂运动形式。在现实世界中，非线性现象远比线性现象广泛。人们在日常生活中早已习以为常的种种现象，比如山石的滚动、奔腾的小溪、岸边海浪的破碎、股市的涨跌、漂浮的云彩、闪电的路径、血管的微观网络、大气和海洋的异常变化、宇宙中的星团乃至经济的波动和人口的增长等，看似杂乱无章，但其表面现象下却蕴涵着惊人的运动规律[1-7]，然而产生混沌的机制往往又是简单的、丝毫不带随机因素的固定非线性规则。由混沌所表示的无序和不规则状态指出了在确定性系统中的随机现象，揭示了在自然界和人类社会中普遍存在着确定性和随机性的统一、有序和无序的统一。正是这种在确定性和随机性之间的由此及彼的桥梁作用，使得混沌学成为 20 世纪科学发展的三大里程碑之一。

2.2　混沌理论的发展

　　最早对混沌进行研究的是法国的庞加莱（H. Poincare）。1913 年他在研究能否运用数学知识证明太阳系的稳定性问题时，把动力学系统和拓扑学有机地结合起来，并提出三体问题在一定范围内的解是随机的，实际上这是一种保守系统中的混沌。1927 年，丹麦电气工程师范德波尔（B. Van der Pol）在研究氖灯张弛振荡器的过程中，发现了一种重要的现象并将它解释为"不规则的噪声"，即所谓范德波尔噪声。二战期间，英国科学家重复了这一实验并开始质疑，后来的研究发现，范德波尔观察到的不是"噪声"，而是一种混沌现象。1954 年，苏联概率论大师柯尔莫哥洛夫（Kolmogorov），在探索概率起源的过程中，提出了 KAM 定理的雏形，为早期明确不仅耗散系统有混沌现象而且保守系统也有混沌现象的理论铺平了道路。1963 年，麻省理工学院的气象学家洛伦兹（Lorenz）在研究大气环流模型的过程中，提出"决定论非周期流"的观点，讨论了天气预报的困难和大气湍流现象，给出了著名的洛伦兹方程。这是第一个在耗散系统中由一个确定的方程导出混沌解的实例，从此以后，关于混沌理论的研究正式揭开了序幕。1964 年，法国天文学家埃农（Henon）发现，一个自由度为 2 的不可积的保守的哈密顿系统，当能量渐高时其运动轨道在相空间中的分布越来越无规律，于是提出了埃农映射。1971 年，法国物理学家吕埃勒（Ruelle）和荷兰数学家塔肯斯（Takens）首次用混沌来解释湍流发生的机理，并为耗散系统引入了"奇怪吸引子"的概念。1975 年，美籍华人学者李天岩（T. Y. Li）和他的导师美国数学家约克（J. A. Yorke）发表《周期 3 意味着混沌》一文，首次使用"混沌"这个名词，并为后来的学者所接受。1976 年，美国数学生态学家梅（R. May）在文章《具有极复杂动力学的简单数学模型》中详细描述了 Logistic 映射 $x_{n+1} = \mu x_n (1 - x_n)$ 的混沌行为，并指出生态学中一些非常简单的数学模型，可能具有非常复杂的动力学行为。1978 年，费根鲍姆（M. Feigenbaum）通过对 Logistic 模型的深入研究，发现倍周期分岔的参数值呈几何级数收敛，从而提出了费根鲍姆收敛常数 δ 和标度常数 α，它们是和 π 一样的自然界的普适性常数。但是，费根鲍姆的上述突破性进展开始并未立即被接受，其论文直到三年后才公开发表。费根鲍姆的卓越贡献在于他看到并指出了普适性，真正地用标度变换进行计算，使混沌学的研究从此进入了蓬勃发展的阶段。进入20世纪80年代，人们着重研究了系统如何从有序到新的混沌以及混沌的性质和特点，并进入了混沌理论的应用阶段。90年代以来，随着非线性科学及混沌理论的发展，混沌科学与其他应用学科相互交错、相互渗透、相互促进、综合发展，并在电子学、信息科学、图像处理等领域都有了广泛的应用，混沌密码学就是其中之一。

2.3　混沌的各种定义

"混沌"一词最早出现在中国和希腊的神话故事中，以后随着人类文明的进步、科学和文化的发展，逐渐被中外的文学、艺术、宗教典籍和科学著作所不断采用。英文中的"混沌"写作"chaos"，源于古希腊的"xoas"，本是"杂乱无章、混乱无序"之意。几千年来，混沌的词义在不同的地域文化背景和学科领域有着不同的内涵，混沌的概念也经历着不断的演化。时至今日，在非线性动力学中提出了一些可供理论判定的定义和实际测量的标度，尽管它偏重从数学和物理学的角度对混沌下定义，但是却为混沌学的建立和发展打下了一个坚实的基础，给混沌在不同学科间的交流和渗透提供了方便。

由于混沌系统的奇异性和复杂性至今尚未被人们彻底了解，因此至今混沌还没有一个统一的定义。一般认为，混沌就是指确定性系统中出现的一种貌似无规则的、类似随机的现象。确定性的非线性系统出现的具有内在随机性的解，称为混沌解。这种解在短期内可以预测而在长期内不可预测，因此与确定解和随机解都不同（随机解在短期内也是不可预测的）。混沌不是简单的无序而是没有明显的周期和对称，但却是具有丰富的内部层次的有序结构，是非线性系统中一种新的存在形式。但是迄今为止，对混沌概念还没有公认的严格的定义，因此，对混沌概念的界定应从混沌现象的本质特征入手，从数学和物理两个层次上考察，才有可能得出正确的完整的结论。目前已有的定义从不同的侧面反映了混沌运动的性质，虽然定义的方式不同，彼此在逻辑上也不一定等价，但它们在本质上是一致的[1,6,12,26]。在混沌理论的发展过程中，不同的学者对混沌给出了不同的定义。

2.3.1 李－约克（Li-Yorke）的混沌定义

区间 I 上的连续自映射 $f(x)$，如果满足下面的条件，便可确定它有混沌现象：

（1）f 的周期点的周期无上界；

（2）闭区间 I 上存在不可数子集 S，满足

a. $\forall x, y \in S, x \neq y$ 时，$\limsup\limits_{n \to \infty} |f^n(x) - f^n(y)| > 0$；

b. $\forall x, y \in S, \liminf\limits_{n \to \infty} |f^n(x) - f^n(y)| = 0$；

c. $\forall x \in S$ 和 f 的任意周期点 y，有 $\limsup\limits_{n \to \infty} |f^n(x) - f^n(y)| > 0$。

2.3.2 梅尔尼科夫（Melnikov）的混沌定义

如果存在稳定流形和不稳定流形且这两种流形横截面相交，则必存在混沌。

2.3.3 德瓦尼（Devaney）的混沌定义

在拓扑意义下，混沌定义为：设 V 是一度量空间，映射 $f: V \to V$，如果满足下面 3 个条件，则称 f 在 V 上是混沌的：

（1）对初值的敏感依赖性：存在 $\delta > 0$，对于任意的 $\varepsilon > 0$ 和任意 $x \in V$，在 x 的 ε 邻域内存在 y 和自然数 n，使得 $d(f^n(x), f^n(y)) > \delta$；

（2）拓扑传递性：对于 V 上的任意一对开集 $Z, Y \in V$，存在 $k > 0$，

使 $f^k(Z) \cap Y \neq \Phi$；

（3）f 的周期点集在 V 中稠密。

从稳定性角度考虑，混沌轨道是局部不稳定的，德瓦尼混沌定义中的初值敏感依赖就是对混沌轨道的这种不稳定性的描述。对于初值的敏感依赖性，意味着无论 x，y 离得多么近，在 f 的作用下，两者的轨道都可能分开较大的距离，而且在每个点 x 附近都可以找到离它很近而在 f 的作用下最终分道扬镳的点 y。对这样的 f，如果用计算机计算它的轨道，任何微小的初始误差，经过若干次迭代以后都将导致计算结果的失效。

拓扑传递性意味着任一点的邻域在 f 的作用之下将"遍历"整个度量空间 V，这说明 f 不可能细分或不能分解为两个在 f 下不相互影响的子系统。

上述（1）和（2）一般说来是随机系统的特征，但第（3）条所说的周期点集的稠密性，却又表明系统具有很强的确定性和规律性，绝非一片混乱，而是形似紊乱实则有序，这也正是混沌能够和其他应用学科相结合走向实际应用的前提。

2.4　混沌运动的特征

混沌运动具有通常确定性运动所没有的本质特征。这些特征体现在几何和统计方面有：局部不稳定而整体稳定、无限相似、连续的功率谱、奇怪吸引子、分维、正的李雅普诺夫（Lyapunov）指数、正测度熵等。为了与其他复杂现象区别，一般认为混沌应具有以下几个方面的特征，它们之间有着密不可分的内在联系[1,2,5,6,12]。

（1）遍历性：混沌运动轨道局限于一个确定的区域——混沌吸引域，混沌轨道经过混沌区域内每一个状态点。

（2）整体稳定局部不稳定：混沌态与有序态的不同之处在于，它不仅具有整体稳定性，还具有局部不稳定性。稳定性是指系统受到微小的扰动后系统保持原来状态的属性和能力，一个系统的存在是以结构与性能相对稳定为前提的。但是，一个系统要演化，要达到一个新的演化状态又不能将稳定性绝对化，而应在整体稳定的前提下允许局部不稳定，这种局部不稳定或失稳正是演化的基础。在混沌运动中这一点表现得十分明显。所谓的局部不稳定是指系统运动的某些方面（如某些维度、熵）的行为强烈地依赖于初始条件。

（3）对初始条件的敏感依赖性：关于这一点，洛伦兹在一次演讲中生动地指出：一只蝴蝶在巴西扇动翅膀，就有可能在美国的得克萨斯引起一场风暴。这句话具有深刻的科学内涵和迷人的哲学魅力，它形象地反映了混沌运动的一个重要特征：系统的长期（"长期"的具体含义对不同系统而言可能有较大差别）行为对初始条件的敏感依赖性。初始条件的任何微小变化，经过混沌系统的不断放大，都有可能对其未来的状态造成巨大的差别。正所谓"失之毫厘，谬以千里"。所以，人们常用"蝴蝶效应"来指代混沌系统对初始条件的敏感依赖特性。

（4）轨道不稳定性及分岔：长时间动力运动的类型在某个参数或某组参数发生变化时也发生变化。这个参数值（或这组参数值）称为分岔点，在分岔点处参数的微小变化会产生不同定性性质的动力学特性，所以系统在分岔点处是结构不稳定的。

（5）长期不可预测性：由于混沌系统所具有的轨道的不稳定性和对初始条件的敏感性，因此混沌运动不可能长期预测将来某一时刻的动力学特性。

（6）分形结构：耗散系统的有效体积在演化过程中将不断收缩至有限分维内，耗散是一种整体稳定性因素，而轨道又是不稳定的，这就使它在相空间的形状发生拉伸、扭曲和折叠，形成精细的无穷嵌套的自相似结构。"自相似性"就是说每个局部都是整体的一个缩影，即使取无穷小的部分，还是和整体相似。分维则打破了体系的维数只能取整数的观念，认为体系的维数也可以取分数。混沌状态表现为无限层次的自相似结构。

（7）普适性：在混沌的转变中出现某种标度不变性，代替通常的空间或时间周期性。所谓普适性，是指在趋向混沌时所表现出来的共同特性，它不依具体的系数以及系统的运动方程而变。普适有两种，即结构的普适性和测度的普适性。前者是指趋向混沌的过程中轨道的分岔情况与定量特性不依赖于该过程的具体内容，而只与它的数学结构有关；后者指同一映像或迭代在不同测度层次之间嵌套结构相同，结构的形态只依赖于非线性函数展开的幂次。

2.5 混沌吸引子的刻画

混沌来自系统的非线性性质，但是非线性只是产生混沌的必要条件而非充分条件。如何判断给定的一个系统是否具有混沌运动，以及如何用数学语言来说明混沌运动并对它进行定量刻画，是混沌学所研究的重要课题。目前，多采用数值实验来识别动力系统是否存在混沌运动，然后再通过工程实验加以验证。本节归纳并阐述从定量角度刻画混沌运动特征的一些判据与准则[1-8,12]。

2.5.1 李雅普诺夫指数

李雅普诺夫指数 λ 可以表征系统运动的特征，它沿某一方向取值的正负和大小，表示系统长时间在吸引子中相邻轨道沿该方向平均发散（$\lambda_i > 0$）或收敛（$\lambda_i < 0$）的快慢程度。因此，最大李雅普诺夫指数 $\lambda_{\max}$ 决定轨道覆盖整个吸引子的快慢，最小李雅普诺夫指数 $\lambda_{\min}$ 则决定轨道收敛的快慢，而所有李雅普诺夫指数 λ 之和 $\sum \lambda_i$ 可以认为大体上表征轨道平均发散的快慢。任何吸引子必定有一个李雅普诺夫指数 λ 是负的；而对于混沌，必定有一个正的李雅普诺夫指数 λ。因此，人们只要在计算中得知吸引子中有一个正的李雅普诺夫指数，即使不知道它的具体大小，也可以马

上判定它是奇怪吸引子，而运动是混沌的。

对于混沌动力系统，λ 的大小与系统的混沌程度有关，假设系统从相空间中某半径足够小的超球开始演变，则第 i 个李雅普诺夫指数定义为：

$$\lambda_i = \lim_{t \to \infty} \log(r_i(t)/r_i(0)) \tag{2.1}$$

式（2.1）中，$r_i(t)$ 为 t 时刻按长度排在第 i 位的椭圆轴的长度，$r_i(0)$ 为初始球的半径。换言之，在平均的意义下，随时间的演变，小球的半径会作出如下的改变：

$$r(t) \propto r_i(0) \mathrm{e}^{\lambda_i t} \tag{2.2}$$

下面具体介绍一维混沌系统、差分方程组和微分方程组计算李雅普诺夫指数的方法。

2.5.1.1　一维混沌系统计算李雅普诺夫指数

考虑一维映射：$x_{n+1} = F(x_n)$，假设 x_n 有偏差 dx_n，并导致 x_{n+1} 偏差 dx_{n+1}，则：$x_{n+1} + dx_{n+1} = F(x_n + dx_n) \approx F(x_n) + dx_n \cdot F'(x_n)$，即：$dx_{n+1} = dx_n \cdot F'(x_n)$。

设轨道按指数规律分离，即：

$$|dx_{n+1}| = |dx_n| \cdot \mathrm{e}^{\lambda} \tag{2.3}$$

其中 λ 为李雅普诺夫指数。为了得到稳定的值，通常要取足够的迭代次数：

$$dx_n = dx_{n-1} \cdot F'(x_{n-1}) = dx_{n-2} \cdot F'(x_{n-2}) \cdot F'(x_{n-1}) = \cdots = dx_0 \prod_{i=0}^{n-1} F'(x_i)$$

因此

$$\lambda = \lim_{n \to \infty} \frac{1}{n} \sum_{i=0}^{n-1} \ln |F'(x_i)| \tag{2.4}$$

2.5.1.2　差分方程组计算李雅普诺夫指数

设 R^n 空间上的差分方程：$x_{i+1} = f(x_i)$，f 为 R^n 上的连续可微映射。设 $f'(x)$ 表示 f 的 Jacobi 矩阵，即

$$f'(x) = \frac{\partial f}{\partial x} = \begin{bmatrix} \dfrac{\partial f_1}{\partial x_1} & \cdots & \dfrac{\partial f_1}{\partial x_n} \\ \vdots & & \vdots \\ \dfrac{\partial f_n}{\partial x_1} & \cdots & \dfrac{\partial f_n}{\partial x_n} \end{bmatrix}$$

令

$$J_i = f'(x_0) \cdot f'(x_1) \cdots f'(x_{i-1}) \tag{2.5}$$

将 J_i 的 n 个复特征根取模后，依从大到小的顺序排列为 $|\lambda_1^{(i)}| \geq |\lambda_2^{(i)}| \geq \cdots \geq |\lambda_n^{(i)}|$，那么，$f$ 的李雅普诺夫指数定义为

$$\lambda_k = \lim_{i \to \infty} \frac{1}{i} \ln |\lambda_k^{(i)}|, k = 1, 2, \cdots, n \tag{2.6}$$

该定义是计算差分方程组的最大李雅普诺夫指数 λ_1 的理论基础。

2.5.1.3　微分方程组计算最大的李雅普诺夫指数

设在由给定微分方程组所确定的相空间中，两条相轨迹起点差距为 d_0，经过时间 τ 后，呈指数分离，差距为 d_τ，即：

$$d_\tau = d_0 \mathrm{e}^{\tau \lambda} \tag{2.7}$$

则

$$\lambda = \frac{1}{\tau} \ln \frac{d_\tau}{d_0} \tag{2.8}$$

定义为李雅普诺夫指数。

数值计算时，从一条参考轨迹上找一个起点，算出相邻相轨的 d_0、d_τ，若 d_τ 不按指数增长，另找新起点算 d_0、d_τ，为避免计算时出现发散，经过时间 τ 后，选取一个新起点，但与参考相轨迹的距离保持为 d_0。这样每次都是从距离为 d_0 的两状态出发，得到一系列 d_1，d_2，$\cdots$，d_j，$\cdots$，最后按下式平均，得到最大李雅普诺夫指数：

$$\lambda_{\max} = \lim_{n \to \infty} \frac{1}{n\tau} \sum_{i=1}^{n} \ln \frac{d_i}{d_0} \tag{2.9}$$

当 d_0 很小，而循环次数 n 极大时，只要 τ 不太大，计算结果就与 τ 的大小无关。利用计算机可以实现这种算法，得到一个可靠的 $\lambda_{\max}$，进而可以判断系统运动是否是混沌的。

2.5.2　庞加莱截面法

庞加莱截面法（Poincare surface of section）由庞加莱（Poincare）于 19 世纪末提出，用来对多变量自治系统的运动进行分析。其基本思想是在多维相空间（x_1，$\mathrm{d}x_1/\mathrm{d}t$，$x_2$，$\mathrm{d}x_2/\mathrm{d}t$，$\cdots$，$x_n$，$\mathrm{d}x_n/\mathrm{d}t$）中适当选取一截面，在此截面上某一对共轭变量如 x_1,$\mathrm{d}x_1/\mathrm{d}t$ 取固定值，称此截面为庞加莱截面。观测运动轨迹与此截面的截点（庞加莱点），设它们依次为 P_0，P_1，$\cdots$，P_n，$\cdots$。原来相空间的连续轨迹在庞加莱截面上便表现为一些离散点之间的映射 $P_{n+1} = TP_n$。由它们可得到关于运动特性的信息。如果不考虑初始阶段的暂态过渡过程，只考虑庞加莱截面的稳态图像，则：当庞加莱截面上只有一个不动点和少数离散点时，可判定运动是周期的；当庞加莱截面上是一封闭曲线时，可判定运动是准周期的；当庞加莱截面上是成片的密集点，且有层次结构时，可判定运动处于混沌状态。

2.5.3　功率谱分析

谱分析是研究振动和混沌的一个重要手段。根据傅里叶（Fourier）分析，任何周期为 T 的周期运动 $x(t)$ 都可以展成傅里叶级数，其系数与相应的频率的关系为离散的分离谱，而非周期运动的频率是连续谱。对于随机信号的样本函数 $x(t)$ 的功率谱密度函数定义为

$$S_x(\omega) = \int_{-\infty}^{\infty} R_x(\tau) e^{-i\omega\tau} \mathrm{d}\tau \qquad (2.10)$$

其中 $R_x(\tau)$ 为 $x(\tau)$ 的自相关函数，即

$$R_x(\tau) = E\{x(t), E(t+\tau)\} = \lim_{T\to\infty} \frac{1}{T} \int_0^T \tilde{x}(t)\tilde{x}(t+\tau)\mathrm{d}t \quad (2.11)$$

$$\tilde{x}(t) = x(t) - \lim_{T\to\infty} \int_0^T x(t)\mathrm{d}t \qquad (2.12)$$

τ 为采样间隔。

对于周期运动，功率谱只在基频及其倍频处出现尖峰。准周期对应的功率谱在几个不可约的基频以及由他们叠加的频率处出现尖峰。混沌运动的功率谱为连续谱，即出现噪声背景和宽峰。由于 $R_x(\tau)$ 与 $S_x(\omega)$ 互为傅里叶正、反变换，它表示序列相关程度。因此在规则运动情况下，表示运动的函数的序列的自相关函数 $R_x(\tau)$ 具有常数数值和周期振荡，在混沌运动情况下，$R_x(\tau)$ 将指数迅速减到零。

2.5.4 分维数分析法

分形理论是描述混沌信号的另一种手段。分形是没有特征长度但具有一定意义的自相似图形的总称，最初由曼德尔布罗特（Mandelbrot）在研究诸如弯曲的海岸线等不规则曲线时提出，之后人们发现自然界普遍存在分形现象。分形最主要的特性是自相似性，即局部与整体存在某种相似。

混沌的奇怪吸引子具有不同于通常几何形状的无限层次的自相似结构。这种几何结构可用分维来描述，因此可以通过计算奇怪吸引子的空间维数来研究它的几何性质。

除个别奇怪吸引子的维数接近整数外（如洛伦兹吸引子的分维约为

2.07），大部分奇怪吸引子都具有分数维数。分维的定义有很多种，常见的有以下几种：

（1）哈斯多夫（Hausdorff）维数：它可以用来描述空间、集合以及吸引子的几何性质。n 维空间中的子集的哈斯多夫维数定义为：

$$d_h = \lim_{a \to 0} \frac{\ln N(a)}{\ln(1/a)} \tag{2.13}$$

其中，$N(a)$ 是覆盖集合 S 所需边长为 a 的 n 维超立方体的最小数目。哈斯多夫维数的计算一般相当困难，因此其理论意义远大于实际意义。

（2）盒维数：这是应用最广泛的维数概念之一，因为这种维数的数学计算及经验估计相对容易些。设 S 是 n 维空间中的任意非空有界子集，对每一 $r \to 0$，$N(s, r)$ 表示用来覆盖 S 的半径为 r 的最小的闭球数，若 $\lim_{r \to 0} \frac{\ln N(S,r)}{\ln(1/r)}$ 存在，则 S 的盒维数为：

$$d_b = \lim_{r \to 0} \frac{\ln N(S,r)}{\ln(1/r)} \tag{2.14}$$

盒维数有许多等价的定义，主要区别在于盒子的选取上，式（2.14）中的盒子选择为闭球，其实根据实际情况可以选择盒子为线段、正方形或立方体。

盒维数特别适合科学计算，用数值计算的方法求出 Logistic 映射 $x_{n+1} = 3.57 x_n (1 - x_n)$ 吸引子的盒维数大约为 0.75（选 $r = 3 \times 10^{-6}$）。

（3）李雅普诺夫维数：从几何直观考虑，具有正李雅普诺夫指数和负李雅普诺夫指数的方向都对张成吸引子起作用；而负李雅普诺夫指数对应的收缩方向，在抵消膨胀方向的作用后，提供吸引子维数的非整数部分。因此，将负李雅普诺夫指数从最大的 λ_1 开始，把后继的李雅普诺夫指数一个个加起来。若加到 λ_K 时，和 $\sum_{i=1}^{k} \lambda_i$ 为正数，而加到下一个 λ_{K+1} 后，和 $\sum_{i=1}^{k} \lambda_i$ 成为负数，则可以用线性插值来确定维数的非整数部分。吸引子的李雅普诺夫指数定义为：

$$d_L = K + \frac{1}{\lambda_{K+1}} \sum_{i=1}^{k} \lambda_i \qquad (2.15)$$

其中 k 为使 $\sum_{i=1}^{k} \lambda_i > 0$ 成立的最大整数。

李雅普诺夫维数对描述混沌吸引子非常有用，对 n 维相空间来说有以下结论：

定常吸引子：$\lambda_1 < 0$，$\lambda_2 < 0$，$\cdots$，$\lambda_n < 0$，此时李雅普诺夫维数为 0，对应于平衡点（不动点）。

周期吸引子：$\lambda_1 = 0$，$\lambda_2 < 0$，$\lambda_3 < 0$，$\cdots$，$\lambda_n < 0$，此时李雅普诺夫维数为 1，对应于极限环（周期点）。

准周期吸引子：$\lambda_1 = 0$，$\lambda_2 = 0$，$\cdots$，$\lambda_k = 0$，$\lambda_{k+1} < 0$，$\cdots$，$\lambda_n < 0$，此时李雅普诺夫维数为 k，对应于环面（准周期吸引子）。

混沌吸引子：有 $0 < k < n$ 且 $S_k < -\lambda_{k+1} = |\lambda_{k+1}|$，此时李雅普诺夫维数总是分数（$k < d_L < k+1$）。

2.5.5　测度熵

从信息理论角度来看，运动的熵可用于混沌程度的识别及其混沌程度的整体度量。一方面，混沌运动的初态敏感性使得相空间中相邻的相轨迹以指数速率分离，初始条件包含的信息会在混沌运动过程中逐渐丢失。另一方面，即使两个初始条件充分靠近且不能靠测量来区分，但随着时间的演化，它们之间的距离会按指数速率增大，这两条开始被认为"相同的"轨迹最终也能被区分开来。从这个意义上，混沌运动产生信息。将所有时间的信息产生率做指数平均，即得到柯尔莫哥洛夫（Kolmogorov）熵，又称测度熵，简称 K 熵或者熵。

考虑一个 n 维动力系统，将它的相空间分割为一个个边长为 ε 的 n 维立方体盒子，对于状态空间的一个吸引子和一条落在吸引域中的轨道

$x(t)$，取时间间隔为一个很小量 τ，令 $P(i_0, i_2, \cdots, i_d)$ 表示起始时刻系统轨道在第 i_0 格子中，$t=1$ 时在第 i_1 个格子中，……，$t=d$ 时在第 i_d 个格子中的联合概率，则柯尔莫哥洛夫熵定义为：

$$K = -\lim_{\tau \to 0} \lim_{\varepsilon \to 0} \lim_{d \to 0} \frac{1}{d\tau} \sum_{i_0 \cdots i_d} P(i_0, i_1, \cdots, i_d) \ln P(i_0, i_1, \cdots, i_d) \quad (2.16)$$

由 K 熵的取值可以判断系统无规则运动的程度。对于确定性系统规则运动（包括不动点、极限环、环面），其 K 熵为 0；对于随机运动，其 K 熵趋于无穷；当 K 熵为一正数时则为混沌运动，且 K 熵值越大，混沌程度越严重。

2.6 常见的混沌系统

混沌学的发展建立在对具体的混沌系统的研究之上，如果没有著名的洛伦兹方程和虫口模型，就不会有混沌学今天的辉煌。同样混沌的应用研究离不开具体的混沌系统，下面将对混沌加密领域中涉及的多种典型混沌系统进行简单介绍[1-8]。

2.6.1 离散混沌系统模型

2.6.1.1 帐篷映射

这是一类最简单的动力学模型，其名称来源于它的图形形状，又被称为人字映射。标准帐篷映射的方程为：

$$x_{n+1} = \begin{cases} 2x_n, & 0 \leq x_n < 0.5 \\ 2(1 - x_n), & 0.5 \leq x_n < 1 \end{cases} \quad (2.17)$$

其图形如图 2.1 所示。

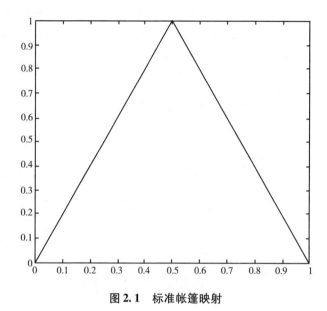

图 2.1　标准帐篷映射

　　一种常见的变形方式是通过引入参数 a 得到所谓的斜帐篷映射，此时方程变为

$$x_{n+1} = \begin{cases} x_n/a, & 0 \leqslant x_n < 0.5 \\ (1-x_n)/(1-a), & 0.5 \leqslant x_n < 1 \end{cases} \quad (2.18)$$

　　其图形如图 2.2 所示。a 的值决定了图中帐篷顶点的位置，当 $a = 0.5$ 时顶点在中间，就是标准的帐篷映射。

　　进一步推广，可以得出一类分段线性映射，其方程为

$$X(t+1) = F_P(X(t)) = \begin{cases} X(t)/p, & 0 \leqslant X(t) < p \\ (X(t)-P)/(0.5-P), & P \leqslant X(t) < 0.5 \\ (1-X(t)-P)/(0.5-P), & 0.5 \leqslant X(t) < 1-P \\ (1-X(t))/P, & 1-P \leqslant X(t) \leqslant 1 \end{cases}$$

$$(2.19)$$

　　其图形如图 2.3 所示。

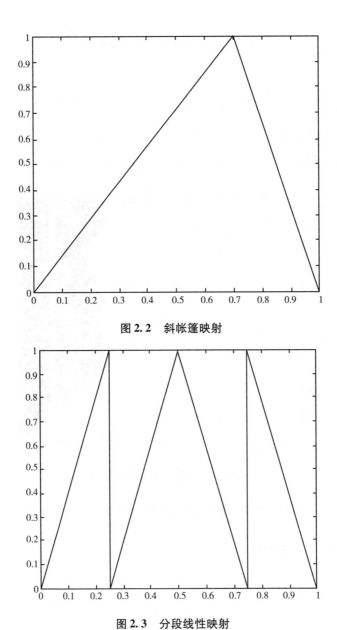

图 2.2　斜帐篷映射

图 2.3　分段线性映射

2.6.1.2　抛物线映射

抛物线映射是一类混沌映射的统称，通常所说的虫口模型和 Logistic 映射都属于抛物线映射。它的标准写法有

$$x_{n+1} = \lambda x_x(1 - x_n), \lambda \in (0,4), x_n \in [0,1] \qquad (2.20)$$

或者

$$x_{n+1} = 1 - \mu x_n^2, \mu \in (0,2), x_n \in [-1,1]$$

图 2.4 是它的分岔图。虽然它是一维区间映射，却能产生复杂的混沌行为，且研究比较方便，所以在很多文献中常常会用到它。

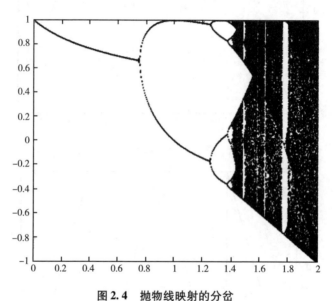

图 2.4　抛物线映射的分岔

除了以上几种常见的一维映射方程外，还有一些二维的映射也很常用。

2.6.1.3　埃农映射

埃农映射的方程为：

$$\begin{cases} x_{n+1} = -px_n^2 + y_n + 1 \\ y_{n+1} = qx_n \end{cases} \qquad (2.21)$$

当 $p = 1.4$，$q = 0.3$ 时，系统可产生混沌现象，图 2.5 为埃农映射的吸引子。

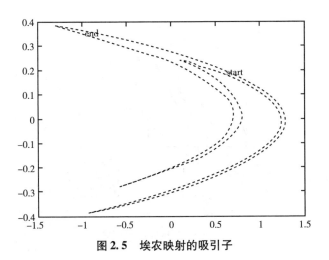

图 2.5   埃农映射的吸引子

2.6.1.4   阿诺德（Arnold）映射

阿诺德的方程定义为：

$$\begin{cases} x_{n+1} = x_n + y_n & \text{mod1} \\ y_{n+1} = x_n + 2y_n & \text{mod1} \end{cases}$$

为了方便应用，更习惯于把它写成矩阵形式：

$$\begin{pmatrix} x_{n+1} \\ y_{n+1} \end{pmatrix} = \begin{pmatrix} 1 & 1 \\ 1 & 2 \end{pmatrix}\begin{pmatrix} x_n \\ y_n \end{pmatrix}\text{mod1} = C\begin{pmatrix} x_n \\ y_n \end{pmatrix}\text{mod1} \qquad (2.22)$$

其中，mod1 表示取小数部分，即 $x\text{mod1} = x - [x]$。因此（x_n，y_n）的相空间被限制在单位正方形 $[0, 1] \times [0, 1]$ 内。

图 2.6 是阿诺德映射的示意图，从中可以清楚地看到产生混沌运动的两个因素：拉伸（乘以矩阵 C 使 x，y 都变大）和折叠（取模使 x，y 又折回单位矩形内）。

2.6.2   连续混沌系统模型

2.6.2.1   洛伦兹（Lorenz）系统

1963 年，美国气象学家洛伦兹得到了第一个表现奇异吸引子的动力

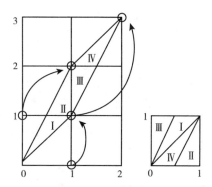

图 2.6　阿诺德映射示意

学系统：

$$
\begin{cases}
\dot{x} = -\sigma x + \sigma y \\
\dot{y} = \rho x - y - xz \\
\dot{z} = -\beta z + xy
\end{cases}
\tag{2.23}
$$

当参数取值为 $\sigma = 16$，$\rho = 45.92$，$\beta = 4$ 时，洛伦兹系统吸引子在坐标面的投影见图 2.7。它的 3 个李雅普诺夫指数分别为：1.497，0.00，−22.46。

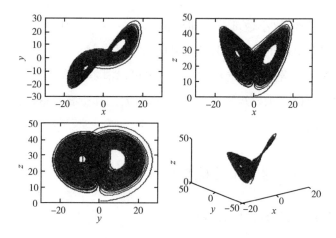

图 2.7　洛伦兹吸引子

2.6.2.2　蔡（Chua）电路

蔡电路是蔡少棠教授提出的一个典型的混沌电路，在数学上可以写成如下的方程形式：

$$\begin{cases} \dot{x}_1 = \alpha(x_2 - x_1 - g(x_1)) \\ \dot{x}_2 = x_1 - x_2 + x_3 \\ \dot{x}_3 = -\beta x_2 \end{cases} \qquad (2.24)$$

其中 $g(x_1) = bx_1 + 0.5(a-b)(|x_1 + 1| - |x_1 - 1|)$ 是一条分段线性曲线。

当 $\alpha = 9.2156$，$\beta = 15.9946$，$a = -1.24905$，$b = -0.75735$ 时，系统呈现混沌状态，其吸引子形状见图 2.8。需要说明的是，根据非线性项选取的不同，蔡电路有许多变形。

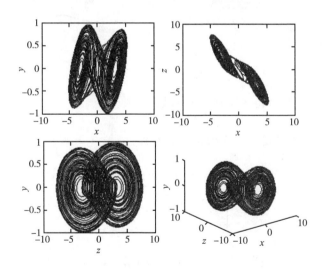

图 2.8　蔡电路的吸引子

2.6.2.3　陈（Chen）吸引子

陈吸引子是陈关荣教授 1999 年发现的。它也是一个三维常微分系统，但具有比洛伦兹系统更复杂的动力学行为。陈吸引子方程为：

$$\begin{cases} \dot{x} = a(y - x) \\ \dot{y} = (c - a)x - xz + cy \\ \dot{z} = xy - bz \end{cases} \tag{2.25}$$

当 $a = 35$，$b = 3$，$c = 28$ 时，系统的混沌吸引子如图 2.9 所示。

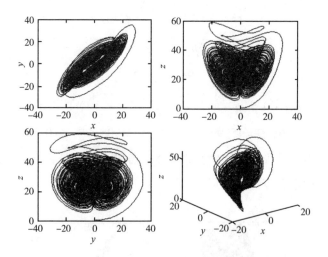

图 2.9 陈吸引子

2.6.2.4 罗斯勒 （Rossler） 系统

罗斯勒系统也是一个 3 维常微分方程:

$$\begin{cases} \dot{x}_1 = - ax_2 + ax_3 \\ \dot{x}_2 = bx_1 + cx_2 \\ \dot{x}_3 = - dx_3 + x_1x_2 + e \end{cases} \tag{2.26}$$

当参数的值分别为 $a = 1$，$b = 1$，$c = 0.2$，$d = 5.7$，$e = 0.2$ 时，系统的吸引子如图 2.10 所示。

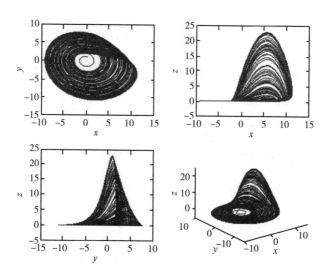

图 2.10　罗斯勒吸引子

2.6.3　时滞混沌系统模型

需要注意的是，简单的时滞混沌系统可能具有比常微分方程复杂得多的动力学行为，这是因为时滞系统本质上是一种无穷维系统。本小节我们仅简单介绍由廖晓峰教授提出的一种时滞混沌神经元模型[13,14]。考虑以下简单的一阶时滞神经元方程：

$$\dot{x}(t) = -\alpha x(t) + af(x(t) - bx(t - \tau) + c) \qquad (2.27)$$

其中 $f \in C^{(1)}$ 是一个非线性函数，满足 $\sup|f'(x)| < \infty$，常数 $\tau > 0$ 称为系统时滞，a，b，c 是系统参数。

假设式（2.27）具有以下初始条件：

$$x(\theta) = \phi_x(\theta), \quad y(\theta) = \phi_y(\theta), \quad \theta \in [-\tau, 0] \qquad (2.28)$$

其中 ϕ_x，ϕ_y 是区间 $[-\tau, 0]$ 上的实值连续函数。

廖晓峰等[13]讨论了当

$$f(x) = \sum_{i=1}^{2} a_i [\tanh(x + k_i) - \tanh(x - k_i)] \qquad (2.29)$$

时，系统的混沌动力学行为。并进一步证明了当

$$f(x) = \sum_{i=1}^{2} a_i [\arctan(x + k_i) - \arctan(x - k_i)] \qquad (2.30)$$

时，选取适当的参数和时滞，系统也具有混沌行为。比如取以下参数值：

$$\alpha = 1, a = 3, b = 4.5, c = 0, a_1 = 2, a_2 = -1.5, k_1 = 1, k_2 = \frac{4}{3}$$

系统式（2.27）得到的相图如图 2.11 所示。

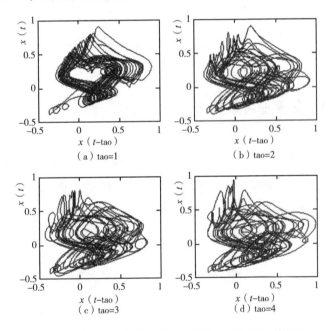

图 2.11 $f(x)$ 取式（2.29）时系统式（2.27）的相图

2.7 混沌的应用

　20 世纪 80 年代以来，混沌理论与其他学科相互交错、相互渗透、相

互促进，综合发展，形成许多新的研究分支。从国际上的《科学美国人》《科学》《自然》，到国内的《物理学报》《物理学进展》《计算机学报》《电子学报》《通信学报》等众多顶级的学术期刊，都大量地刊登混沌研究的论文。混沌在生物学、生理学、心理学、数学、物理学、化学、电子学、信息科学、天文学、气象学以及经济学，甚至音乐、艺术等领域都得到了广泛的应用。

混沌理论在信息相关学科的应用可分为混沌综合和混沌分析。前者利用人工产生的混沌从混沌动力学系统中获得可能的功能，如人工神经网络的联想记忆等；后者从复杂的人工和自然系统中获得混沌信号并寻找隐藏的确定性规则，如时间序列数据的非线性确定性预测等。混沌的可能应用可概括如下：

（1）优化：利用混沌运动的随机性、遍历性和规律性寻找最优点，可用于系统辨识、最优参数设计等众多方面。

（2）神经网络：将混沌与神经网络相融合，使神经网络由最初的混沌状态逐渐退化到一般的神经网络，利用中间过程混沌状态的动力学特性使神经网络逃离局部极小点，从而保证全局最优，可用于联想记忆、机器人的路径规划等。

（3）图像压缩：把复杂的图像数据用一组能产生混沌吸引子的简单动力学方程代替，这样只需记忆存储这一组动力学方程组的参数，其数据量比原始图像数据大大减少，从而实现了图像数据压缩。

（4）高速检索：利用混沌的遍历性可以进行检索。即在改变初值的同时，将要检索的数据和刚进入混沌状态的值相比较，检索出接近于待检索数据的状态。这种方法比随机检索或遗传算法具有更高的检索速度。

（5）非线性时间序列预测：任何一个时间序列都可以看成是一个由非线性机制确定的输入输出系统，如果不规则的运动现象是一种混沌现象，则利用混沌现象的决策论非线性技术就能高精度地进行短期预测。

（6）模式识别：利用混沌轨迹对初始条件的敏感性，有可能使系统识别出只有微小区别的不同模式。

（7）故障诊断：根据由时间序列再构成的吸引子的集合特征和采样时间序列数据相比较可以进行故障诊断。

（8）保密通信：利用混沌信号的编码和解码技术实现混沌信号的通信保密。

（9）混沌加密：利用混沌序列的非周期性和伪随机特性，将混沌序列作为密钥流和原始明文序列进行代数运算，得到加密密文。

当然，混沌学作为一门科学毕竟还很年轻，远未成熟，混沌学最终将发展成为人类观察整个世界的一个基本观点，将对人类思维的解放起到巨大的作用。

2.8　本章小结

本章详细论述了混沌理论基础。首先指出了混沌现象的普遍存在，回顾了混沌理论的研究历史；然后给出了混沌的定义，描述了混沌运动的特征，并介绍了混沌研究所需的判据与准则，包括庞加莱截面法、功率谱法、李雅普诺夫指数、分维数分析法、柯尔莫哥洛夫熵等；接着介绍了各种常见的混沌模型；最后简要概括了混沌理论广阔的应用前景。

3

基于混沌理论的密码技术

3.1　现代密码学概要

　　密码学是一门既古老又年轻的学科。现代密码学已成为一门多学科交叉渗透的边缘学科，综合了数学、物理、电子、通信和计算机等众多学科的长期知识积累和最新研究成果，是保障信息安全的核心。现代密码技术的应用范围也不再仅仅局限于保护政治和军事信息的安全，已经渗透到人们生产生活的各个领域。

3.1.1　密码学基本概念

　　密码学分为两个分支，即密码编码学和密码分析学。密码编码学是对信息进行编码实现隐蔽信息目的的一门科学，而密码分析学则是研究如何破译密码的科学，两者相互依存、相互支持、不可分割。加密算法和解密算法通常是在一组密钥控制下进行的，分别称为加密密钥和解密密钥。

　　我们可以用一个五元组来表示加密方案，它们的具体意义如下[12]：

　　（1）明文（plaintext）：加密过程中输入的原始信息，通常用 m 或 p

表示。所有可能的明文的有限集称为明文空间，通常用 M 或 P 来表示。

（2）密文（ciphertext）：加密后的结果信息，通常用 c 表示。所有可能的密文的有限集称为密文空间，通常用 C 来表示。

（3）密钥（secret key）：密码变换过程中的参数，通常用 k 表示。一切可能的密钥构成的有限集称为密钥空间，通常用 K 表示。

（4）加密算法（encryption algorithm）：明文变换为密文采用的变换算法。通常用 E 表示。

（5）解密算法（decryption algorithm）：密文恢复为明文采用的变换算法。通常用 D 表示。

这个五元组之间有如下关系：

$$C = E_{K_1}(M) \tag{3.1}$$

$$M = D_{K_2}(C) \tag{3.2}$$

$$D_{K_2}(E_{K_1}(M)) = M \tag{3.3}$$

在不同的加解密方案中，K_1 可以与 K_2 相同或不同。

密码系统按密码的编码方式不同有不同的划分，如常见的代替/换位密码系统、单密钥/双密钥密码系统、分组/流密码系统等。

如果一个密码系统的加密密钥与解密密钥相同或者可以由其中一个推算出另一个，则称其为对称密钥密码系统或单密钥密码系统；否则，称其为非对称密钥密码系统、双密钥密码系统或公开密钥密码系统。

3.1.2 对称密钥密码系统

对称密钥密码系统的模型如图 3.1 所示[15]。

在该模型中，消息源产生明文消息 $X = [X_1, X_2, \cdots, X_M]$。$X$ 的第 M 个元素是某个有限字母表的字母。传统上，该字母表通常由 26 个大写字母组成。目前使用的典型字母表是二进制字母表 $\{0, 1\}$。为了加密，产生形式为 $K = [K_1, K_2, \cdots, K_J]$ 的密钥。密钥 K 的所有可能值的范围称为密钥

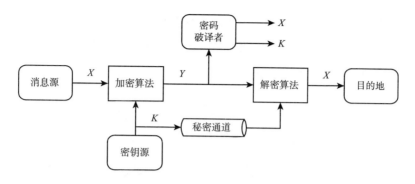

图3.1　对称密钥密码系统的模型

空间。若该密钥在消息源产生，则它必须通过某种加密信道提供给目的地。或者采用另一种方式，由第三方密钥源产生密钥，并负责将其安全地传递到消息源和目的地。加密算法、解密算法可以公开，密码破译者能够获得 Y 但不能接触到 K 或 X，他的工作就是要努力地分析出 X 或/和 K。

加密时，将 X 和 K 输入加密算法 E 中，产生出密文 $Y = [Y_1, Y_2, \cdots, Y_M]$，可表示为：$Y = E_K(X)$；解密时，将 Y 和 K 输入解密算法 D 中，恢复出明文 X，可表示为：$X = D_K(Y)$。加密解密算法必须具有以下特性：$X = D_K(E_K(X))$。

根据明文消息加密形式的不同，对称密钥密码系统又可以分为两大类：分组密码（block cipher）和序列密码（stream cipher）。分组密码就是将明文分成固定长度的组，比如 64 比特为一组，用同一密钥和算法对每一组加密，输出也是固定长度的密文。序列密码是将消息分成连续的符号或比特：$m = m_0$，m_1，$\cdots$，用密钥流 $k = k_0$，k_1，$\cdots$ 的第 i 个元素 k_i 对 m_i 加密，即存在 $E_k(m) = E_{k0}(m_0), E_{k1}(m_1), \cdots$。

3.1.3　公开密钥密码系统

公开密码体制的最大特点是采用两个不同但相关的密钥分别进行加密和解密，其中一个密钥是公开的，称为公开密钥；另一个密钥是用户私人专用，是保密的，称为秘密密钥。公开密码算法有以下的重要特性：已知密码算法和加密密钥，要想确定解密密钥，在计算上是不可能的。公开密钥系统模型如图 3.2 所示[15]。

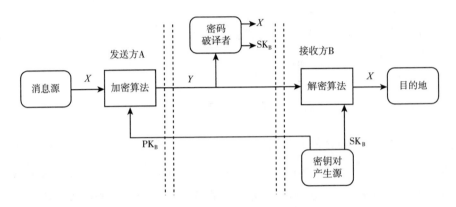

图 3.2 公开密钥密码系统的模型

在该模型中，要求：

（1）接收方 B 容易通过计算产生出一对密钥（公开密钥 PK_B 和秘密密钥 SK_B）。

（2）发送方 A 用接收方的公开密钥 PK_B 对消息 X 加密产生密文 Y，即 $Y = E_{PKB}(X)$ 在计算上是容易的。

（3）接收方 B 用自己的秘密密钥对 Y 解密，即 $X = E_{PKB}(Y)$ 在计算上是容易的。

（4）密码破译者由 B 的公开密钥 PK_B 求秘密密钥 SK_B 在计算上是不可行的。

（5）密码破译者由密文 Y 和 B 的公开密钥 PK_B 恢复出明文 X 在计算上不可行。

（6）加密、解密次序可交换，即 $E_{PKB}(D_{PKB}(X)) = D_{SKB}(E_{PKB}(X))$。

其中，最后一条非常有用，但不是对所有的算法都有此要求。以上要求本质上是要寻找一个陷门单向函数 f_k 满足以下三个条件：一是当已知 k 和 X 时，$Y = f_K(X)$ 易于计算；二是当已知 k 和 Y 时，$X = f_k^{-1}(Y)$ 易于计算；三是当 Y 已知但 k 未知时，$X = f_k^{-1}(Y)$ 在计算上不可行。

公开密钥密码体制安全性的基础一般都依赖于数学中的某个困难性问题。在加解密过程中，往往涉及大量的复杂运算，因此比对称密钥密码速度要慢得多。它的主要用途是用于密钥交换、数字签名，而不直接用它来加密数据。RSA 是最著名的公钥密码系统。

3.1.4 密码分析类型

密码分析学是研究如何破译密码的科学，其目的是要找到消息 X 或/和密钥 K。密钥破译者所使用的策略取决于加密方案的性质以及可供破译者使用的信息。一般情况下，我们都假设破译者知道正在使用的密码算法，这个假设称为柯克霍夫（Kerckhoff）假设。密码分析主要存在以下两类攻击。

3.1.4.1 对加密方案的攻击

最常用的密码分析攻击方法有以下几类[27,28]，其攻击强度是依次递增的：

（1）唯密文攻击。

（2）已知明文攻击。

（3）选择明文攻击。

（4）选择密文攻击。

3.1.4.2 对密码协议的攻击

（1）已知密钥攻击：对手从用户以前用过的密钥确定出新的密钥。

（2）重放攻击：对手记录一次通信会话，在以后的某个时候重新发送整个或部分会话。

（3）伪装攻击：对手扮演网络中一个合法的实体。

（4）字典攻击：主要针对口令的一种攻击。

3.1.5 密码安全模型

评价密码体制安全性有不同的途径，下面是几个有用的准则[27,28]：

（1）无条件安全性（unconditional security）：无论密码攻击者掌握了多少的计算资源，都无法攻破的密码体制，是无条件安全的。香农（Shannon）从理论上证明了，仅当可能的密钥数目至少与可能的消息数目一样多时，无条件安全才是可能的。用信息论中熵（entropy）的观点表示就是 $H(P \mid C) = H(P) \Rightarrow H(K) \geq H(P) \Rightarrow \|K\| \geq \|P\|$。实际上，只有一次一密才是不可攻破的。除此以外，任何一个密码系统使用唯密文攻击在理论上都是可破的，只需用穷举法进行蛮力攻击即可。

（2）计算安全性（computational security）：密码攻击者使用了可以利用的所有计算资源（包括时间、空间、设备等），仍然无法攻破的密码体制，是计算上安全的。这也是密码学更为关心的性质。如果攻破一个密码体制的最好结果需要 N 次操作，而 N 是一个特定的非常大的数字，我们可以定义该密码体制是计算上安全的。问题是没有一个已知的实际的密码体制在这个定义下可以被证明是安全的。实际中，人们常通过几种特定的攻击类型来研究计算安全性。对于对称密码体制，一般可以用密码系统的熵来衡量系统的理论安全性，它由密钥空间的大小计算出来：$H(K) = \log_2 K$，密码系统的熵越大，破译它就越困难。

（3）可证明安全性（provable security）：将密码体制的安全性归结为某个经过深入研究的数学难题，则称这种密码体制是可证明安全的。这和证明一个问题是 NP 完全的有些类似。例如，RSA 公开密码体制的安全性是基于分解大整数的难度，ElGamal 公开密码体制的安全性是基于计算有限域上离散对数的难度等。

3.2　混沌理论与密码学的关系

香农在其经典文章中将混沌理论所具有的混合、对参数和初值的敏感性等基本特性应用到密码学中，并提出了密码学中用于指导密码设计的两个基本原则：扩散（diffusion）和混乱（confusion）。扩散是将明文冗余度分散到密文中使之分散开来，以便隐藏明文的统计结构，实现方式是使得明文的每一位影响密文中多位的值。混乱则是用于掩盖明文、密文和密钥之间的关系，使密钥和密文之间的统计关系变得尽可能复杂，导致密码攻击者无法从密文推理得到密钥。

混沌的轨道混合（mixing）特性（与轨道发散和初值敏感性直接相联系）对应于传统加密系统的扩散特性，而混沌信号的类随机特性和对系统参数的敏感性对应于传统加密系统的混乱特性[12]。

混沌和密码学之间具有的天然的联系和结构上的某种相似性（见表3.1），启示着人们把混沌应用于密码学领域。但是混沌毕竟不等于密码学，它们之间最重要的区别在于：密码系统工作在有限离散集上，而混沌却工作在无限的连续实数集上。此外，传统密码学已经建立了一套关于分析系统安全性和性能的理论，密钥空间的设计方法和实现技术亦比较成熟，从而能保证系统的安全性；而目前混沌加密系统还缺少这样一个评估算法安全性和性能的标准。

表 3.1　　　　　　　　混沌理论与密码学的相似与不同之处

项目	混沌理论	传统密码学
相似点	对初始条件和控制参数的极端敏感性	扩散
	类似随机的行为和长周期的不稳定轨道	伪随机信号
	混沌映射通过迭代，将初始域扩散到整个相空间	密码算法通过加密轮产生预期的扩散和混乱
	混沌映射的参数	加密算法的密钥
不同点	混沌映射定义在实数域内	加密算法定义在有限集上
	缺乏系统安全性和性能的分析理论	已建立密码系统安全性和性能的分析理论

关于如何选取满足密码学特性要求的混沌映射是一个需要解决的关键问题。科察雷夫等（L. Kocarev et al.）[21]给出了这方面的一些指导性建议。选取的混沌映射应至少具有以下三个特性：混合特性（mixing property）、鲁棒性（robust）和具有大的参数集（large parameter set）。需要指出，具

有以上属性的混沌系统不一定安全，但不具备上述属性得到的混沌加密系统必然是脆弱的。

3.3　混沌密码学的发展概况

马修（Robert A. J. Matthews）于 1989 年发表的文献［22］是第一篇明确提出"混沌密码"并得到广泛关注和引用的文章，他提出了一种基于变形 Logistic 映射的混沌序列密码方案。该文发表以后，主要在密码学领域掀起了一次关于混沌密码的研究热潮，并持续了约四年的时间。之后的几年时间里，这个方向的研究有所沉寂，只有很少量的文章发表。直到 1997 年后，一些新的混沌密码方案的提出再一次开启了新一轮的研究热潮，涌现出数目众多的混沌密码学研究成果[32-78]。

总体上看，混沌密码有两种通用的设计思路。第一种是使用混沌系统生成伪随机密钥流，该密钥流直接用于掩盖明文；这种思路对应序列密码。第二种是使用明文和/或密钥作为初始条件和/或控制参数，通过迭代/反向迭代多次的方法得到密文；这种思路对应着分组密码。除了以上两种思路以外，最近几年还出现了一些新的设计思路，比如基于搜索机制的混沌密码方案[29-45]、基于混沌系统的概率分组密码方案[46]等。另外，还有不少的混沌密码方案专门为图像加密而设计，详见文献［23，47，48，49，50，51，65，72，89，90］。

与基于混沌理论的对称密码的研究比较起来，利用混沌来构造公开密钥密码的研究成果就显得太少了。就笔者所知，比较有价值的主要有以下几篇：文献［47］提出一种利用混沌吸引子来实现公钥加密的方案，但是实用性还较差；在文献［16］中，科察雷夫（L. Kocarev）提出一种利用切比雪夫（Chebyshev）混沌映射的半群特性来实现的公钥密码方案，这是一篇创新性和实用性并举的文章。但是最近，有学者[48]发现科察雷夫公钥密码方案存在着安全漏洞，不过 2004 年 12 月科察雷夫又刊出了一篇新的基于混沌的公开密钥密码的文章[49]。尽管对该混沌公开密钥密码方案的深入研究可能还会暴露出新的问题，但是我们相信对这类基于混沌的公开密钥密码系统的研究是一件很有意义的事情。

3.4 混沌序列密码

3.4.1 序列密码

序列密码是将消息分成连续的符号或比特用密钥流的对应元素分别进行加密。由于各种消息（报文、语音、图像和数据等）都可以经过量化编码等技术转化为二进制数字序列，因此我们假设序列中的明文空间 M、密文空间 C 和序列空间 K 都是由二进制数字序列组成的集合。那么一个序列密码系统可用 (M, C, K, E_k, D_k, Z) 六元组来描述。对于每一个 $k \in K$，由算法 Z 确定一个二进制密钥序列 $z(k) = z_0, z_1, z_2, \cdots$，当明文 $m = m_0, m_1, \cdots, m_{n-1}$ 时，在密钥 k 下的加密过程为：对 $i = 0, 1, 2, \cdots, n-1$，计算 $c_i = m_i \oplus z_i$，密文为 $c = E_k(m) = c_0, c_1, c_2, \cdots, c_{n-1}$，其中 $\oplus$ 表示模 2 加；解密过程为：$i = 0, 1, 2, \cdots, n-1$，计算 $m_i = c_i \oplus z_i$，由此恢复明文 $m = D_k(c) = m_0, m_1, m_2, \cdots, m_{n-1}$。图 3.3 给出了序列密码保密通信模型[23]。

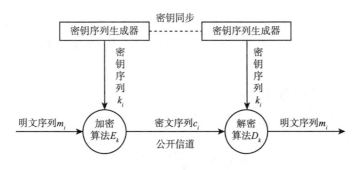

图 3.3 序列密码保密通信模型

可见，序列密码的安全性主要依赖于密钥序列 $z(k) = z_0, z_1, z_2, \cdots$，因此序列密码系统设计的关键是如何设计出具有良好特性的随机密钥序列。传统密码学中常见的是基于线性反馈移位寄存器（LFSR）的密钥序列产生器。

3.4.2 基于混沌伪随机数发生器的序列密码

由于混沌系统可以产生"不可预测"的伪随机轨道，许多研究集中在使用混沌系统构造伪随机数发生器 PRNG 的相关算法及性能分析上面[50-53]。对于连续混沌系统而言，很多混沌伪随机序列已经被证明具有优良的统计特性。

大部分混沌序列密码的核心部分是混沌伪随机数发生器，它的输出作为密钥流掩盖（一般采用异或操作）明文。两类主要的生成混沌伪随机数的方法是：其一，抽取混沌轨道的部分或全部二进制比特[50,54]；其二，将混沌系统的定义区间划分为 m 个不相交的子区域，给每个区域标记一个唯一的数字 $0 \sim m-1$，通过判断混沌轨道进入哪个区域来生成伪随机数[50,51]。

科达（Kohda）等在文献［24］中提出了三种从混沌系统迭代过程中抽取二进制序列的方法，并对抽取的二进制序列进行了统计特性分析。

设一维混沌映射为：

$$\omega_{n+1} = r(\omega_n)$$

其中，$\omega_n = r^n(\omega_0) \in I$，$I$ 是一个特定的区间，且 $r(\cdot)$ 是 I 上的一维混沌映射。

三种二进制抽取方法如下：

（1）阈值法。定义一个阈值函数 $\Theta_t(\omega)$ 如下：

$$\Theta_t(\omega) = \begin{cases} 0, & 当 \omega < t \\ 1, & 当 \omega \geq t \end{cases} \tag{3.4}$$

使用该阈值函数可以获得一个二进制序列 $\{\Theta_t(r^n(\omega))\}$。

（2）二进制表示法，将混沌迭代值用二进制形式表示：

$$|\omega| = 0. A_1(\omega)A_2(\omega)\cdots A_i(\omega)\cdots \qquad (3.5)$$

其中，$A_i(\omega) \in \{0，1\}$。则第 i 个比特可以表示为：

$$A_i(\omega) = \sum_{r=1}^{2^{i-1}} (-1)^{r-1}\{\Theta_{r/2i}(\omega) + \bar{\Theta}_{-r/2i}(\omega)\} \qquad (3.6)$$

由于函数 $\Theta_t(\omega)$ 可以看成一个布尔函数，其种子为 ω，因此可以将式（3.6）改写为：

$$A_i(\omega) = \bigoplus_{r=1}^{2^i}\{\Theta_{r/2i}(\omega) \oplus \Theta_{-r/2i}(\omega)\} \qquad (3.7)$$

其中，$\oplus$ 表示模 2 加。可以得到一个二进制序列 $\{A_i(\omega_n)\}_{n=0}^{\infty}$。

对于定义在区间 $I = [d,e]$ 上的任意映射 $\tau(\cdot)$，对二进制表示法进行扩展，得到一种更为通用的形式，即扩展的二进制表示法。

（3）扩展的二进制表示法。由于 $\dfrac{\omega-d}{e-d} \in [0,1]$，将其表示为二进制形式：

$$\frac{\omega-d}{e-d} = 0. B_1(\omega)B_2(\omega)\cdots B_i(\omega)\cdots \qquad (3.8)$$

其中，$\omega \in [d，e]$，$B_i(\omega) \in \{0，1\}$。则第 i 个比特 $B_i(\omega)$ 可以表示为：

$$B_i(\omega) = \sum_{r=1}^{2^{i-1}} (-1)^{r-1}\Theta_{(e-d)(r/2^i)+d}(\omega) \qquad (3.9)$$

式（3.9）所得到的二进制序列为 $\{B_i(r^n(\omega))\}_{n=0}^{\infty}$，当然，$B_i(\omega)$ 也可以表示为阈值序列模 2 加的形式。当 $e=1，d=0$ 时，$I=[0,1]$，此时扩展的二进制表示法退化为二进制表示法，$A_i(\omega)$ 与 $B_i(\omega)$ 相同。

在文献［24］中，科达从理论上证明了这三种方法产生的二进制序列是独立同分布的随机序列，为设计基于混沌的序列密码提供了很好的理论支持。

在大部分基于混沌伪随机数发生器的混沌序列密码中，只使用了单个混沌系统。经常使用的混沌系统有 Logistic 映射、切比雪夫映射、分段线性混沌映射和分段非线性混沌映射等。

为了增强安全性，可以考虑使用多混沌系统。比如可以让两个混沌系统的输出 $\{x_1(i)\}$ 和 $\{x_2(i)\}$，按约定方法进行比较，以生成伪随机比特流 $\{k(i)\}$：若 $x_1(i) > x_2(i)$，则 $k(i) = 1$；若 $x_1(i) < x_2(i)$，则 $k(i) = 0$；若 $x_1(i) = x_2(i)$，则不输出任何数。

3.4.3 利用混沌逆系统方法设计的序列密码

从整体上看，在这种设计方案中，密文被反馈回来经过处理以后再直接用于掩盖（采用模加操作）明文，这既与上面介绍的基于混沌伪随机数发生器的序列密码有相似之处，又借鉴了分组密码的 CBC 工作模式。

目前，研究人员已经提出了几种具体的基于混沌逆系统的序列密码方案，它们的结构可以用一个通式来表示：$y(t) = u(t) + f_e(y(t-1),\cdots,y(t-k)) \bmod 1$，其中 $u(t)$ 和 $y(t)$ 分别表示明文和密文，$f_e(\cdot)$ 是一个从反馈密文生成掩盖明文的伪随机密钥流的 k 元函数。$f_e(t) = F^m(y(t-1),p)$，其中 $F(x,p)$ 是一个在 $L\mathrm{bit}(L < m)$ 有限精度下实现的分段线性混沌映射：

$$F(x,p) = \begin{cases} \dfrac{x}{p} & x \in [0,p) \\[2mm] \dfrac{x-p}{0.5-p} & x \in [p,0.5] \\[2mm] 1 - \dfrac{x}{p} & x \in [0.5,1) \end{cases} \tag{3.10}$$

3.5 混沌分组密码

混沌的轨道混合特性对应传统加密系统的扩散特性，而混沌的类随机特性和对系统参数的敏感性对应传统加密系统的混乱特性。可见，混沌具有的优异混合特性保证了混沌加密器的扩散和混乱作用可以和传统加密算法一样好。另外，很多混沌系统本身就与密码学中常用的菲斯特尔（Feistel）网络结构是非常相似的，比如标准映射、埃农（Henon）映射等。所以，只要算法设计正确合理，将混沌理论用于分组密码是完全可能的。

3.5.1　分组密码简介

分组密码是一种密钥控制下的变换，该变换把一个个明文（密文）分组转换成对应的一个个密文（明文）分组。将明文消息 P 划分成等长的数据块 $P_1 P_2 \cdots P_i \cdots$，并将每个 P_i 用同一密钥加密，即：

$$E_K(P) = E_K(P_1) E_K(P_2) \cdots \qquad (3.11)$$

每个分组的比特长度称为分组长度，通常为 8 的倍数，如 DES 和 IDEA 密码的分组长度均为 64 比特。下面为其数学描述。

设 $GF(2)$ 为两个元素的有限域。分组密码实质上是 n 维向量空间 $GF(2)^n$ 上的一组可逆映射集，在 $GF(2)^l$ 子集合 S 上随机选取的参数 K（即，密钥）控制下利用某个确定映射 E 对 $GF(2)^n$ 中的元素 P（称为明文）进行变换，产生 $GF(2)^n$ 中的相应元素 C（称为密文）。形式上，此过程可表述如下。

定义：称映射 $E: GF(2)^n \times S \to GF(2)^n$ 是分组密码，若对任意 $K \in S$，$E(\cdot, K)$ 均是 $GF(2)^n$ 上的双射。此时称 $C = E(P, K)$ 为密钥 K 下的加密函数 [简记为 $C = E_K(P)$]，E 的逆函数 $P = D(C, K)$ 为 K 下的解密函数 [简记为 $P = D_K(C)$]，参数 n 和 l 分别为该分组长度和密钥长度。记明文空间 $GF(2)^n$、密文空间 $GF(2)^n$、密钥空间 $GF(2)^l$、加密函数集 $\{E_K\}$ 和解密函数集 $\{D_K\}$ 分别为 P、C、K、E 和 D，则任意分组密码体制均可用五元组（P, C, K, E, D）来刻画。

3.5.2 分组密码的工作模式

针对分组密码，已经提出了很多种工作模式。但最基本的有以下 4 种[55]：电子密码本模式、密码分组链接模式、密码反馈模式和输出反馈模式。

3.5.2.1 电子密码本模式（electronic code book，ECB）

1. 特点

（1）简单，有利于并行计算，误差不会被传送。

（2）不能隐藏明文的模式。

（3）可能对明文进行主动攻击（重放、嵌入和删除等攻击）。

2. 模式

电子密码本的加密模式如图 3.4 所示。

图 3.4　ECB 加密模式

3. 数学表示

$$\left. \begin{array}{l} C_i = E_K(P_i) \\ P_i = D_K(C_i) \end{array} \right\}$$
（3.12）

3.5.2.2 密码分组链接模式（cipher block chaining，CBC）

　　加密算法工作在此模式下，一个明文分组在被加密之前要与前一个的密文分组进行异或运算。除密钥外，还需协商一个初始化向量（IV），这个 IV 没有实际意义，只是在第一次计算的时候需要用到而已。

1. 特点

（1）不容易被主动攻击，安全性好于 ECB，适合加密长度比较长的报文。

（2）每个密文块依赖于所有的明文块，明文消息中的一个改变会影响所有密文块。

（3）发送方和接收方都需要知道初始化向量。

（4）加密过程是串行的，无法并行化（但解密过程可以被并行化），存在误差传递问题（密文 c_i 在传输过程中，任一位发生错误不仅影响自身的译码，也会影响后续的 c_{i+1} 的译码）。

2. 模式

CBC 的工作模式如图 3.5 所示。

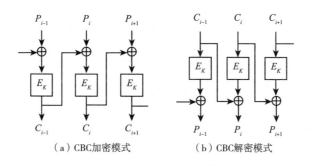

（a）CBC加密模式　　　　（b）CBC解密模式

图 3.5　n 比特分组密码的 CBC 模式

3. 数学表示

$$\left.\begin{array}{l} C_i = E_K(P_i \oplus C_{i-1}) \\ P_i = C_{i-1} \oplus D_K(C_i) \end{array}\right\} \qquad (3.13)$$

3.5.2.3　密码反馈模式（cipher feed back，CFB）

密文反馈模式类似于 CBC，可以将块密码变为自同步的流密码；工作过程亦非常相似，CFB 的解密过程几乎就是颠倒的 CBC 的加密过程。

1. 特点

（1）需要使用一个与块的大小相同的移位寄存器，并用 IV 将寄存器初始化。

（2）对信道错误较敏感，且会造成错误扩散。

（3）数据加密速率比较低。加密过程不能并行化，解密过程是可以并行化的。

2. 模式

CFB 的工作模式如图 3.6 所示。

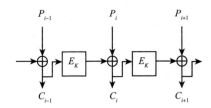

图 3.6　n 比特分组密码的 CFB 模式

3. 数学表示

$$\left. \begin{array}{l} C_i = P_i \oplus E_K(S_{i-1}) \\ P_i = C_i \oplus E_K(S_{i-1}) \end{array} \right\} \tag{3.14}$$

3.5.2.4　输出反馈模式（output feed back，OFB）

1. 特点

（1）没有错误扩散，密文中的单个错误只引起恢复明文的单个错误。

（2）不具有自同步功能，系统必须保持严格的同步。

（3）必须有检测不同步以及用新的 IV 填充双方移位寄存器重新同步的机制。

2. 模式

OFB 的工作模式如图 3.7 所示。

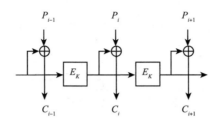

图 3.7　*n* 比特分组密码的 OFB 模式

3. 数学表示

$$\left.\begin{array}{l} C_i = P_i \oplus S_i, S_i = E_K(S_{i-1}) \\ P_i = C_i \oplus S_i, S_i = E_K(S_{i-1}) \end{array}\right\} \tag{3.15}$$

3.5.3　混沌分组密码的菲斯特尔结构

混乱与扩散理论是分组密码算法设计的基石。混乱试图隐藏明文、密文和密钥之间的任何关系，可以通过一个复杂的替代（substitution）算法来达到这个目的；而扩散则是把单个明文位或密钥位的影响尽可能地扩大到更多的密文中去，可以通过重复使用对数据的某种置换（permutation），并对置换结果再应用某个函数的方式来达到。这种由替代和置换层所构成的分组密码有时被称为替代－置换网络，或 SP 网络。菲斯特尔（Feistel）密码网络结构是 SP 网络的一种特殊形式，如图 3.8 所示。

加密算法的输入是一个长度为 $2n$ 比特的明文分组和一个密钥 K，明文分组被分为两个部分 L_0 和 R_0，数据的这两个部分经过 n 轮的迭代处理后组合起来产生密文分组。第 i 轮时，输入前一轮得到的 L_{i-1} 和 R_{i-1}，以及从总的密钥 K 生成的子密钥 K_i；然后作以下的处理：对数据的左边一半进行替代操作，替代的方法是对数据右边一半应用轮函数 F，再用这个函数的输出和数据的左边一半作异或，轮函数在每一轮中有着相同的结构，但是各轮的子密钥 K_i 是不一样的。在这个替代之后，算法作一个置换操作把数

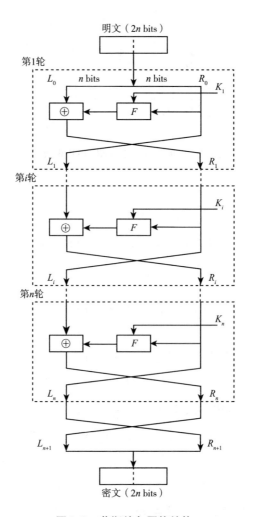

图 3.8 菲斯特尔网络结构

据的两个部分进行互换。以上处理过程可以用公式表示为

$$\begin{cases} L_i = R_{i-1} \\ R_i = L_{i-1} \oplus f(R_{i-1}, K_i) \end{cases} \tag{3.16}$$

在 DES、IDEA、Rijndael 等各种具体的分组密码中，都体现了这种菲斯特尔网络的基本结构。

3.6 混沌分组密码的设计思路

3.6.1 基于检索相空间位置的混沌分组密码

M. S. 巴普蒂斯塔（M. S. Baptista）在文献［29］中提出一个方案：给定一个一维混沌映射 $F:X \to X$，将区间 $[x_{\min}, x_{\max}] \subseteq X$ 划分为 S 个子区间 $X_1 \sim X_s : X_i = [x_{\min} + (i-1)\varepsilon, x_{\min} + i\varepsilon)$，其中 $\varepsilon = (x_{\max} - x_{\min})/s$。假设明文消息由 S 个不同的字符 α_1，α_2，$\cdots$，α_s 组成，建立一个一一映射 f_s：$X_\varepsilon = \{X_1, X_2, \cdots, X_s\} \to A = \{\alpha_1, \alpha_2, \cdots, \alpha_s\}$，将不同的子区间和不同字符关联起来（见图 3.9）。

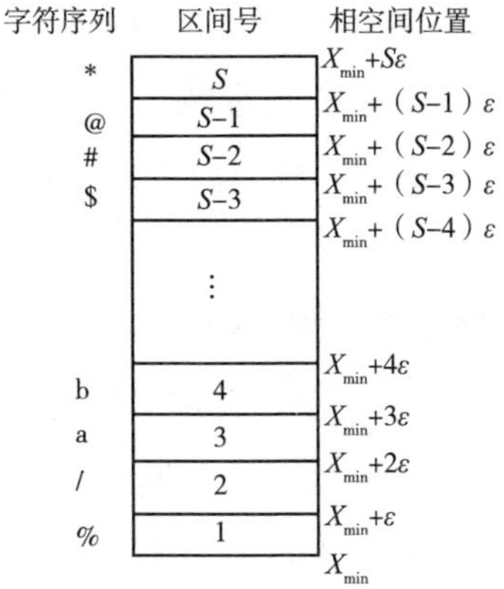

图 3.9 巴普蒂斯塔检索方案的混沌分组密码[29]

定义一个新的函数 f'_s：$X \to A$，如果 $x \in X_i$，则 $f'_s(x) = f_s(X_i)$。

设明文消息 $M = \{m_1, m_2, \cdots, m_i, \cdots\}$（$m_i \in A$），采用的混沌系统是 Logistic 映射 $F(x) = rx(1-x)$，密钥是 Logistic 映射的初始条件 x_0、控制参数 r 以及关联映射关系 f_s。

加密时，第 1 个明文字符 m_1：从 x_0 开始迭代混沌系统，寻找一个混

沌状态 x 满足 $f'_s(x) = m_1$，记录此时的迭代次数 C_1 作为第一个密文消息单元，并计算 $x_0^{(1)} = F^{C_1}(x_0)$；第 i 个明文字符 m_i：从 $x_0^{(i-1)} = F^{C_1+C_2+\cdots+C_{i-1}}(x_0)$ 开始迭代混沌系统，寻找一个满足 $f'_s(x) = m_i$ 的混沌状态 x，记录迭代次数 C_i 作为第 i 个密文消息单元，并计算 $x_0^{(i)} = F^{C_i}(x_0^{(i-1)})$。

解密时，对于每个密文单元 C_i，从上一次混沌状态 $x_0^{(i-1)} = F^{C_1+C_2+\cdots+C_{i-1}}(x_0)$ 开始，迭代混沌系统 C_i 次，根据 $x_0^{(i)} = F^{C_i}(x_0^{(i-1)})$ 和关联映射 f_s 可以方便地推导出明文字符 m_i。

C_i 的限制：每个密文消息单元 C_i 应当满足约束 $N_0 \leq C_i \leq N_{\max}$，在文献［29］中，取 $N_0 = 250$，$N_{\max} = 65532$，由于在 $[N_0, N_{\max}]$ 中存在许多可选的 C_i 值，所以引入一个额外的参数 $\eta \in [0,1]$ 来确定一个合适的值：当 $\eta = 0$，则 C_i 选使 $f'_s(x) = m_i$ 的最小迭代次数；当 $\eta \neq 0$，则 C_i 选同时满足 $f'_s(x) = m_i$ 和 $k \geq \eta$ 的最小迭代次数。

该混沌密码有两个主要缺陷：其一，密文的分布不均匀，C_i 的出现概率随着其值从 N_0 增加到 $N_{\max}$ 呈指数衰减；其二，加密每个明文字符至少需要 N_0 次混沌迭代，速度较慢。针对这两个缺陷，人们对原始方案进行了如下改进：

在文献［30］中，黄唯凯（Wai-kit Wong）提出：对于每个明文字符 m_i，首先生成一个在 0 和 $r_{\max}$（一个预先定义的整数）之间离散均匀分布的伪随机整数 r_c，迭代混沌系统 r_c 次，然后继续迭代它直到找到一个混沌状态 x 满足 $f'_s(x) = m_i$，记录迭代次数 C_i 作为当前的密文消息单元。这样改进以后，密文的分布变得均匀了，但是加密的速度则更慢了。

在文献［31］中，黄和国（Kwok-wo Wong）建议引入动态更新的关联映射 f_s［即作者在文中所称的查询表（Look-Up-Table）］，以提高加密速度和增强安全性。在文献［33］中，黄和国（Kwok-wo Wong）进一步证明该密码系统可以用组合的方式同时完成明文信息的加解密和散列运算，从而推广了原密码系统。我们认为这是一个很有应用价值的方法，值得仔细加以研究。

在文献［34］中，黄和国（Kwok-wo Wong）引入一个会话密钥以实现发送端和接收端混沌系统之间的同步，在经过一个多次迭代的同步期后，加解密过程才开始；另外，他还将密文中的 C_i 替换为每个明文字符在动态查询表中的索引值，从而有效地减小了密文长度。

在文献［32］中，A. 帕拉西奥斯（A. Palacios）和 H. 华雷斯（H. Juarez）建议使用多个耦合的混沌映射网络中发生的交替混沌来增强原始密码方案的安全性。

3.6.2　基于检索伪随机序列的混沌分组密码

E. 阿尔瓦雷兹（E. Alvarez）等在文献［41］中提出一种对称分组密码，它将每个明文分组加密为一个三元密文组。与普通的分组密码不同，它的分组大小是时变的。基于一个 d 维混沌系统 $x_{n+1} = F(x_n, x_{n-1}, \cdots, x_{n-d+1})$，其加密/解密过程如下：

选择混沌系统的控制参数作为密钥，以及一个整数 b_{max} 作为明文的最大分组大小。对于一个大小为 $b_i = b_{max}$ 的明文分组，选择一个阈值参数 U_i，按照以下规则从拟混沌轨道 $\{x_n\}$ 产生一个比特链 $C_i : x_n \leq U_i \rightarrow 0, x_n > U_i \rightarrow 1$。在 C_i 中搜索当前明文分组第一次出现的位置，记录 (U_i, b_i, X_i) 作为对应的密文分组，这里 $X_i = (x_i, x_{i-1}, \cdots, x_{i-d+1})$ 表示在该位置混沌系统的当前状态。若当前的明文分组在很长一段 C_i 中都不能找到，则将明文长度减少一个比特为 $b_i = b_i - 1$，然后重复上述过程，直到密文生成。在该密码系统中使用的是帐篷映射，以控制参数 r 为密钥。

然而，在该密码被提出后不久，G. 阿尔瓦雷兹（G. Alvarez）等就指出这种密码相当脆弱，并用四种不同的方法对它进行了攻击[43]。后来，在文献［35］中，G. 亚契莫斯基（G. Jakimoski）和科察雷夫（L. Kocarev）也独立地用一种已知明文攻击方法成功地破解了该密码系统。李树钧在文献［44］中详细分析了原密码系统缺陷所在。第一，X_i 在密文中的出现，为攻击者提供了有用的信息，从而降低攻击的复杂度。第二，使用不同的密钥时，帐篷混沌系统的动力学特性是完全不同的，这种动力学的差异可以从一定数量的密文中提取出来，并被用于设计一些可能的攻击方法。文献［44］进一步提出了相应的改进方案：用斜帐篷映射或分段线性混沌映射取代原方案所使用的帐篷映射，选择混沌系统的初始状态和控制参数作为密钥，迭代混沌系统产生伪随机序列 C_i，按照相同的办法在 C_i 中寻找明文，若能找到明文，则将当前的迭代次数作为密文输出。若当前的明文分组在很长一段 C_i 中都不能找到，则将明文长度减少一个比特为 $b_i = b_i - 1$，然后重复上述过程，直到密文生成。在文献［43］中，原方案的部分作者也提出了自己的增强方案，将原方案中使用的单个的帐篷映射改换为多个分段线性混沌映射。不久，G. 阿尔瓦雷兹（G. Alvarez）等在文献［45］中对它也作了密码分析。

2002 年，在 E. 阿尔瓦雷兹（E. Alvarez）等的密码基础上，有学者提出了增强的密码方案。采用多个混沌映射进行耦合，使用了耦合映射网络（coupled maps network）。

3.6.3 基于符号动力学的混沌分组密码

对于一个混沌系统，当我们不关心轨道点 x_i 的具体数值，而只根据 x_i 在相空间中的位置，把它与某个符号对应，即令每一个 x_i 对应一个符号 s_i，这样，一条数值轨道就对应一个符号序列。混沌系统的动力学行为，例如遍历特性、对初值敏感特性、伪随机不可预测等，都可以通过这个简单的符号序列来完全刻画。一般来说，数值轨道与符号序列是多对一的。许多不同的数值轨道，可能对应同一个符号序列，而不同的符号序列，一定对应不同的数值轨道[6]。文献［56］正是利用混沌系统符号动力学的这一优良特性，设计出一种保密通信算法，取名叫基于符号动力学的保密通信，其实就是一种混沌分组密码。为不失一般性，文献要求所设计的算法对于任何形式的字符所组成的信息都能准确传输，将混沌轨道的符号序列与二进制信息串相联系，建立起一定的对应关系。例如，对于待加密的信息，其二进制串 00、01、10、11，分别用符号 s_1、s_2、s_3、s_4 来表示。为提高安全性，文献［56］中使用了多个逐段线性混沌映射，还采用了逆向迭代的思想。

该密码提出不久，就被 G. 阿尔瓦雷兹（G. Alvarez）等成功地破译[43]。文献［57］中，唐国坪运用斜帐篷映射和采用对符号序列与相空间相互关系进行动态更新的办法，对该算法进行了改进，获得了较好的效果。

3.6.4　基于混沌系统的概率分组密码

文献［46］提出了一种基于混沌系统的概率分组密码，它将 d 比特的明文加密为 e 比特的密文（$e > d$）。下面分别讨论加密过程和解密过程的原始方案。

3.6.4.1　加密过程

首先，给定一个（或多个）混沌系统产生一个归一化的（即缩放到 ［0，1］单元区间上）拟混沌轨道 $\{x(n)\}_{i=1}^{\infty}$。

然后，使用 $\{x(n)\}_{i=1}^{\infty}$ 来构造一个虚拟状态空间（virtual state space），即一个有 2^d 个虚拟吸引子（virtual attractor）的列表，要求这 2^d 个虚拟吸引子将分别对应 2^e 个虚拟状态（virtual state）$1 \sim 2^e$。构造方法是：在序列 $\{round(x(n) \cdot 2^e)\}_{i=1}^{\infty}$ 中搜索 $1 \sim 2^e$ 的数值，直到所有的整数都被找到为止（即置乱 $1 \sim 2^e$ 的排列次序）；选择 2^d 个状态作为虚拟吸引子，并伪随机地将剩下的 $(2^e - 2^d)$ 个状态分配到这 2^d 个虚拟吸引子上去。

再然后，使用一个一一置换矩阵 P 将每个虚拟吸引子 V_a 和一个消息明文字符联系起来。P 是一个索引自 0 开始的 1×2^d 的向量，其元素是 2^d 个置乱的位于 $1 \sim 2^e$ 之间的虚拟吸引子。

最后，当加密明文字符 $M_c = 0 \sim 2^d - 1$ 时，先使用公式 $V_a = P[M_c]$

将 M_c 映射到一个虚拟吸引子 V_a 上去，然后从该吸引子中伪随机地选择一个虚拟状态 S_{Va} 作为密文。

显然，正是因为最后一步才使得该概率分组密码名副其实。

3.6.4.2 解密过程

首先，使用与加密过程中前两步完全相同的方法重建虚拟状态空间。

然后，确定 P 的逆矩阵 P^{-1}，它是一个索引自 0 开始的 1×2^d 的向量，其元素是 $0 \sim 2^d - 1$。P^{-1} 应当满足：$\forall M_c = 0 \sim 2^d - 1$，$P^{-1}[P[M_c]] = M_c$。

最后，检索当前密文 S_{Va} 位于哪个虚拟吸引子 V_a 中，然后恢复明文字符 $M_c = P^{-1}[V_a]$。

文献［58］详细分析了该密码系统中存在的问题。例如，该密码的实际实现和高安全性之间存在不可调和的矛盾，要保证安全性则需要明文和密文的大小 d 和 e 必须足够大，而要保证实际实现的可能性又要求 d 和 e 必须足够小；该密码没有明确描述如何从 2^e 个整数中选择 2^d 个虚拟吸引子，如何伪随机地分配 2^e 个虚拟状态分配到 2^d 个虚拟吸引子上去，以及如何生成置换矩阵 P；等等。但是，该密码系统也有积极的一面。比如，由拟混沌轨道构造虚拟状态空间的方法，可能被用于生成无陷门的非线性的 S 盒等。

3.6.5 基于混沌迭代的混沌分组密码

3.6.5.1 基于逆向迭代混沌系统的分组密码

使用混沌系统的逆向迭代构造密码系统的想法最早是由哈布斯特舒（T. Habustsu）等在文献［25］中提出的。在该文献的方案中，使用的是最为简单的一维分段线性混沌映射——斜帐篷映射和它的逆映射。

$$F_a(x) = \begin{cases} \dfrac{x}{a}, & x \in [0, a] \\ \dfrac{1-x}{1-a}, & x \in (a, 1] \end{cases} \qquad (3.17)$$

$$F_a^{-1}(x) = \begin{cases} ax, & b = 0 \\ 1 - (1-a)x, & b = 1 \end{cases} \tag{3.18}$$

它们将区间 $[0,1]$ 映射到其本身上，包含的唯一参数 a 代表了帐篷顶所在的位置，在逆映射中的 b 是一个在 $[0,1]$ 上均匀分布的随机比特变量。任意选定一个初值，迭代 F 所得到的序列在区间 $[0,1]$ 上遍历且均匀分布。可以发现，F 是一个 2 对 1 的映射而 F^{-1} 则是一个 1 对 2 的映射。依次类推，F^n 是一个 2^n 对 1 的映射而 F^{-n} 则是一个 1 对 2^n 的映射。

正是利用了这一特点，哈布斯特舒（T. Habustsu）等提出了一种分组密码方案：以参数 a 为密钥，将明文分组 p 变换到 $(0,1)$ 作为系统的初值。加密时，计算 n 次逆映射 F^{-1} 得到密文 C：$C = F^{-1}(F^{-1}(\cdots F^{-1}(p)\cdots)) = F^{-n}(p)$，在每次迭代时，需要随机地从 F^{-1} 的两个等式中选择一个，这意味着一个明文分组将可能有 2^n 种密文形式，只有其中的某一种密文形式被发送给接收方。在解密时，计算 n 次映射 F 恢复出明文 p：$p = F(F(\cdots F(C)\cdots)) = F^n(C) = F^n(F^{-n}(p))$。由于 F 是一个 2 对 1 的映射，所以在这个计算过程中只需要一个参数 a，而不需要知道在加密过程中每次迭代所选取的是哪一个方程。

但是，已经有人利用帐篷映射的逐段线性性和 n 个随机比特，用选择密文攻击和已知明文攻击的方法破解了这个密码方案。后来，研究人员在原始方案的基础上又提出了相应的改进方案，通过将混沌映射数字化为一一映射的办法避免了随机比特的使用。他们在有限离散空间 $\{1/M, 2/M, \cdots, M/M\}$ 上定义了离散混沌映射 $\overline{f_a}$，该映射在整数空间 $\{1, 2, \cdots, M\}$ 上的版本 $\overline{F_A}$ 被用来构造混沌密码。

延迟动力学系统设计的分组密码方案，可以看作是哈布斯特舒（T. Habustsu）原始方案的又一种变形。$S(0)$ 是由 n 位二进制位所构成的初始数据，它的第 i 个元素 $s_i(0)$ 取值 $+1$ 或 -1。密钥 K 由三部分构成：$K = (P, \tau, T)$。其中，P 是由 $(1, 2, 3, \cdots, N)$ 产生的置换矩阵，延迟参数 τ 由 N 个正整数构成，而参数 T 代表迭代次数。如图 3.10 所示，当密钥 K

和权重矩阵 W 给定以后，$S(t+1)$ 中的第 i 个元素 $s_i(t+1)$ 将由 $S(t-\tau_i)$ 的第 p_i 个元素的值和 t 时刻所有元素的值来共同决定，即：

$$s_i(t+1) = s_{pi}(t-\tau_i) \times \theta\left(\sum_{j=1}^{N} W_{ij}s_j(t)\right) \qquad (3.19)$$

其中，$\theta(x) = \begin{cases} +1, & x > 0 \\ -1, & x \leqslant 0 \end{cases}$。

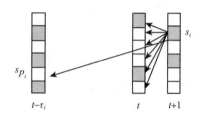

图 3.10　延迟动力系统模型

该方案将使 N 比特的数据在空间和时间上发生相互作用，最终的加密结果 $S(T)$ 是从 $S(0)$ 开始连续应用式（3.19）迭代 T 次以后得出的。

3.6.5.2　基于正向迭代混沌系统的分组密码

这类混沌密码主要是面向图像加密的方案，其中以文献［59］所提出的方案最具代表性，其基本工作流程如下：通过正向迭代一个二维混沌映射来伪随机地置乱明文图像中的像素位置，然后利用某些替代算法改变明文图像的像素灰度分布直方图；多次重复以上过程，最终得到密文图像。

要实现对数字图像的加密，最直接的设计思路是将混沌系统作为伪随机序列发生器，将产生的伪随机序列与图像明文按位进行异或操作，即可得出密文。这种思路基本上就是一般混沌序列密码思路的再现，早期的文献中一般只使用了单个混沌系统，后来有一些研究者建议使用多混沌系统，既提高了安全性，又可产生统计性能更为优良的伪随机序列。但是这种体制是基于数据流的，本质上它和加密文本没有什么区别，没有充分考虑到图像数据自身在存储上的特点，即：图像信息一般以二维数组的形式存储。如果采用这种思路来对图像进行混沌加密，势必需要引入预处理，即在加密的时候要将二维的图像数据转化为一维的数据流，而在解密的时候还需要反向将一维的数据流还原为二维的图像数据。这无疑会极大地影响整个方案的执行效率。

然而，对一个比较有价值的混沌图像加密方法，它必须是针对图像特点的专用方案。和传统的图像加密算法类似，混沌图像加密也可以考虑分别在频域或空间域中进行。

频域算法的特点是频域中每一点的变化对整个数据集合都会产生一定的影响，如图像数据经离散余弦变换（discrete cosine transform，DCT）以后得到的 DCT 系数中任何一个发生改变，都会通过 IDCT 逆变换体现到所有的像素点中。相对于空间域算法中，似乎效率较高。在 DCT 域的混沌图像加密算法中，用户首先使用超级密钥来生成混沌序列，然后利用混沌序列产生相应的变换矩阵。对任意图像 I，设 I 的大小是 $n = M \times N$，进行以下的加密操作：

（1）将图像进行 DCT 变换，$I_D = DCT(I)$。

（2）利用实值混沌序列改变 I_D 值，得到 I_{DS}。

（3）将 I_{DS} 进行非线性的排列变换，得到 I_{DST}。

（4）将 I_{DST} 与符号矩阵进行点乘，得到 I_{DSTS}。

（5）将 I_{DSTS} 进行反变换，$I_E = DCT^{-1}(I_{DSTS})$。

该算法一共进行了三次加密：第一次是在 DCT 域中利用实数值混沌序列对其 DCT 系数进行了比例变换；第二次是进行非线性的排列变换；第三次是通过符号矩阵随机改变其 DCT 系数的符号。上述三次加密过程既可进行局部加密，也可全局加密。但是，频域算法必须解决空间域和频域之间的数值变换及其反变换，所以引入了复杂的计算，导致处理时延增加。另外，频域算法还会导致图像信息损伤，有可能使图像发生畸变。不过，从频域的角度来设计混沌图像加密方案，有希望将加密与压缩过程结合起来一步完成，但是这里又存在一个如何协调好加密与压缩的矛盾的问题，有待于进一步的研究。

空间域算法的优点是能够充分地利用图像数据的点阵特征，算法直观，实现较为简单，且加密过程中不会引入额外的图像畸变。但是需要设计精巧的算法来有效地控制计算的复杂度。而且传统的图像置乱算法，比如基于几何运算的排列变换，虽使密文块看起来是随机的，但这些排列算子通常是事先确定好的，与密钥无关，这是一个明显的缺陷，容易受到差分密码攻击。

3.7   混沌密码的分析技术

安全是一个密码系统的核心。一个密码系统的安全性只有通过对该系统抵抗当前各类攻击能力的考查和全面分析才能做出定论。德国学者鲍尔（F. L. Bauer）明确指出，只有密码分析者才能评判密码体制的安全性[91]。在消息传输和处理系统中，除了应有的接收者外，还有非授权者。他们通过各种手段，比如搭线窃听、电磁窃听、声音窃听等来窃取机密信息，称其为截收者。他们虽然并不知道系统所用的密钥，但通过分析可能从截获的密文中推断出原来的明文甚至密钥，这一过程称作密码分析。从事这一工作的人称作密码分析员或密码分析者。所谓一个密码是可破的，是指通过密文能够迅速地确定明文或密钥，或通过明文－密文对迅速地确定密钥。

3.7.1   柯克霍夫假设与攻击类型

在密码分析中，通常假设密码分析者或敌手知道所使用的密码系统的任何细节，只是不知道所使用的密钥，这个假设称作柯克霍夫（Kerckhoff）假设。当然，如果密码分析者不知道所使用的密码系统，那么破译密码更难，但是我们不应该把密码系统的安全性建立在敌手不知道所用的密码系统这个前提之下，因此，在设计一个密码系统时，我们的目的是在柯克霍夫假设下达到安全性。

根据密码分析者破译时已具备的前提条件，通常人们将攻击类型分为下述四种：

（1）唯密文攻击（ciphertext-only attack）：密码分析者有一些消息的密文，这些消息都用同一加密算法加密。密码分析者的任务是恢复尽可能多的明文，或者最好是能推算出加密消息的密钥来，以便采用相同的密钥解出其他被加密的消息。已知 $c_i = E_k(p_i)$，$1 \leq i \leq l$，推出 $p_1, \cdots, p_l$，或 k，或从 $c_{i+1} = E_k(p_{i+1})$ 求出 p_{i+1} 的算法。

（2）已知明文攻击（known-plaintext attack）：密码分析者不仅可得到一些消息的密文，而且也知道这些消息的明文。分析者的任务就是根据加密信息推出用来加密的密钥或导出一个算法，此算法可以对用同一密钥加密的任何新的消息进行解密。已知，p_i，$c_i = E_k(p_i)$，$1 \leq i \leq l$，推出 k，或从 $c_{i+1} = E_k(p_{i+1})$ 求出 p_{i+1} 的算法。

（3）选择明文攻击（chosen-plaintext attack）。分析者不仅可得到一些消息的密文和相应的明文，而且他们也可选择被加密的明文。这比已知明文攻击更有效。因为密码分析者能选择特定的明文块进行加密，那些块可能产生更多关于密钥的信息，分析者的任务是推出用来加密消息的密钥或导出一个算法，此算法可以对用同一密钥加密的任何新的消息进行解密。破译者选择 $p_1, \cdots, p_l$，并知道 $c_i = E_k(p_i)$，$1 \leq i \leq l$，推出 k，或从 $c_{i+1} = E_k(p_{i+1})$ 求出 p_{i+1} 的算法（破译者有加密机）。

（4）选择密文攻击（chosen-ciphertext attack）。密码分析者能选择不同的被加密的密文，并可得到对应的解密后的明文。已知 c_i 和 $p_i = D_k(c_i)$，$1 \leq i \leq l$，推出 k（破译者有解密机）。

目前，大多数混沌密码研究者提出的只是新的密码方案而不是新的算法。方案的安全性仅依赖于内在的算法，在这种情况下，算法是一个典型的动力学系统，由映射描述甚至由微分方程组描述。这时我们忽略了这样的事实：这种具有连续相空间的系统是不适于软硬件实现的，更不用说试图分析它们的安全性问题了。密码分析是在无权使用密钥的情况下恢复出消息明文。在密码分析学中，一个基础的假设是算法的秘密完全在于密钥。翻译成动力系统的语言就是我们假设密码分析人员已经完全知道动力系统实现的细节，只是不知道一些系统参数或初值的具体数值。因此，密码分析人员的主要任务是在已知系统结构的情况下，运用所掌握的明文或密文信息来估计系统的参数。

3.7.2 典型的混沌密码分析方法

一个好的密码系统所产生的密文除具有良好的随机统计特性外，还应该敏感地依赖于密钥和明文，具有混乱与扩散特性。对于混沌密码系统而言，这些特性可以很容易地通过混沌系统的加入而实现，但它本质上仍然是确定的系统，因此它的某些行为就可能被密码分析者所利用。从目前所掌握的情况看，对混沌分组密码的分析主要有以下几种方法[36,38,39,43,45,60,61,62]。

3.7.2.1 基于混沌序列的分析方法

由于混沌密码大多采用混沌轨道的优良特性，对待加密的信息进行掩盖，只要恢复出该混沌轨道，再对其密文进行反掩盖，即可恢复出相应的明文。在混沌密码系统中，有很多算法在加密过程中都需同时处理一定长度的明文比特，因此被认为是分组密码，但其算法的核心却是按照流密码的工作方式进行的，在某种程度上也可以说它就是一种流密码。对这类混沌密码，我们采用一种密钥流（keystream 或 one-time pad）进行分析，即通过一定的方法，构造出混沌序列并用于解密的分析方法。其中比较典型的是 G. 阿尔瓦雷兹用来攻击巴普蒂斯塔算法的方法。

3.7.2.2 基于混沌系统内在特征的分析方法

尽管混沌系统表现出类似随机的特性，但它本质上仍然是确定的系统，因此它的某些行为就可能被密码分析者所利用。混沌系统的三个内在特性，也是分析混沌密码的有力工具：格雷（Gray）码、字提升法以及分岔图和直方图。

3.7.2.3 基于信息熵的分析方法

信息论中指出，信源符号 S 的熵 H 可以通过下式计算出来：

$$H(S) = \sum_S P(S_i)\log\frac{1}{P(S_i)}\text{ bits} \tag{3.20}$$

式中，$P(S_i)$ 为发送符号 s_i 的概率，log 取以 2 为底的对数，得到的熵以比特为单位。假设信源只发送两个等概率的符号，$S = \{s_1,s_2\}$，对应于真正随机的信源，则式（3.20）计算出来的熵为 $H(S) = 1$。事实上，信号源很少发送真正随机的符号，此时，计算出来的熵比 1 要小；换句话说，如果密码系统输出的密文的熵小于1，那么，密文中就隐藏着某种可预测的东西，直接威胁到密码系统的安全。

3.8 本章小结

本章对基于混沌理论的密码学的研究现状进行了详细分析。首先介绍了现代密码学的概要，接着对混沌理论与密码学的关系进行了对比，然后按照典型的混沌序列密码、典型的混沌分组密码、其他的混沌密码新思路和混沌图像加密方法的分类方法，分别对现有的各种比较有代表性的混沌密码进行了系统的介绍。

群的初步知识

4.1　群的定义与性质

群是由一个集合和一个二元运算构成的代数系。

4.1.1　群与交换群的定义

设 G 是一个非空集合，假定在 G 中规定了一种二元运算"·"，通常叫作乘法运算，即对于 G 中任意两个元素 a 和 b，其运算结果记为 $a \cdot b$。要求 G 对乘法运算是自封的，即 $a \cdot b$ 仍是 G 中的元素。

（1）群的定义。若在 G 上定义一个满足

S_1：结合律，对任何 $a, b, c \in G$ 有 $(a \cdot b) \cdot c = a \cdot (b \cdot c)$

则称 G 是一个半群，记作 $(G, \cdot)$。若 $(G, \cdot)$ 还满足

S_2：存在单位元 e 使对任何 $a \in G$ 有 $e \cdot a = a \cdot e = a$

S_3：对任何 $a \in G$ 有逆元 a^{-1} 使 $a^{-1} \cdot a = a \cdot a^{-1} = e$

则称 $(G, \cdot)$ 是一个群。

（2）交换群的定义。

如果 G 还满足

$$S_4: 对任何的\ a, b \in G\ 有\ a \cdot b = b \cdot a$$

则称（G，$\cdot$）是一个交换群。

通常我们把上述的 S_1，S_2，S_3，S_4 称为交换群的公理。

4.1.2 交换群的性质

交换群除具有群的一般性质外，还具有下面两个基本性质：

（1）设 G 是任意的一个交换群，那么 G 中适合条件 $a \cdot e = a$，对一切 $a \in G$ 的元素 e 是唯一确定的。

（2）对任意 $a \in G$，G 中适合 $a \cdot a^{-1} = e$ 的元素 a^{-1} 是唯一确定的。

4.1.3 单位元与逆元

我们把交换群的基本性质（1）中的唯一的那个元素 e 叫作 G 的单位元，把其本性质（2）中的唯一的那个元素 a^{-1} 叫作 a 的逆元。

4.2 有限域的定义与性质

4.2.1 有限域的定义

设 F 是一个非空有限集合。假定在 F 中规定了两个二元运算加法（记作"$+$"）和乘法（记作"$\cdot$"），并假定 F 对于这两种运算都是自封的。如果以下三个条件成立，则称（F，$+$，$\cdot$）是有限域：

（1）（F，$+$）是一个交换群。记这个交换群的单位元为 0。

（2）对于 F 中的全体非零元素组成的集合 F^*，$(F^*，\cdot)$ 是一个交换群。

（3）对于任意的 a，b，$c \in F$，有 $a(b+c)=ab+ac$。即乘法对加法满足分配律。

4.2.2　有限域的主要性质

有限域主要有以下性质：

（1）在有限域中所有非零元素的加阶都相同而且是素数，称该素数为有限域的特征。

（2）p 是素数，阶数为 $q=p^m$ 的有限域 F_q 的特征为 p。

（3）F_q 的非零元素对乘法构成循环群。循环群的生成元成为该有限域的主元或生成元。

（4）利用 F_2 上的 m 阶不可约多项式 $f(x)$ 定义有限域 F_{2^m}：

$$F_{2^m} = \{a_{m-1}x^{m-1} + \cdots + a_1 x + a_0 \mid a_i \in \{0,1\}\} \qquad (4.1)$$

为了方便，式（4.1）可表示成向量集合

$$F_{2^m} = \{a_{m-1}\cdots a_1 a_0 \mid a_i \in \{0,1\}\} \qquad (4.2)$$

F_{2^m} 中的加法是简单的向量按位加（即，通常的异或 $\odot$ 运算），乘法运算是向量对应的多项式相乘模 $f(x)$ 的结果。

4.3　几个重要的交换群

以下是编码理论和密码学中的几个重要的交换群[55]：

（1）交换群 $(F_{2^m}，\oplus)$。其中，$F_{2^m} = \{a_{m-1}\cdots a_1 a_0 \mid a_i \in \{0,1\}\} = \{0,1,\cdots,2^m-1\}$，$\oplus$ 表示按位加运算。例如，十进制的 11，9 $\in F_{2^4}$，则

$(11)_{10} \oplus (9)_{10} = (1011)_2 \oplus (1001)_2 = (0010)_2 = (2)_{10}$。

（2）交换群 $(Z_m, \boxplus)$。其中，$Z_m = \{0, 1, \cdots, m-1\}$，$\boxplus$ 表示模 m 加运算。设 $a, b \in Z_m$，则 $a \boxplus b = (a+b)_m$。

（3）交换群 $(Z_m^*, \odot)$。其中，$Z_m^* = \{a \mid a \in Z_m 且 (a, m) = 1\}$，$\odot$ 表示模 m 乘运算。设 $a, b \in Z_m^*$，则 $a \odot b = (a \cdot b)_m$。

上述三个群中的运算如表 4.1 所示（运算数长为 2）。

表 4.1　　　　　　　交换群的三种运算（$\oplus$, $\boxplus$, $\odot$）

$\oplus$	00	01	10	11
00	00	01	10	11
01	01	00	11	10
10	10	11	00	01
11	11	10	01	00
$\boxplus$	00	01	10	11
00	00	01	10	11
01	01	10	11	00
10	10	11	00	01
11	11	00	01	10
$\odot$	00	01	10	11
00	01	00	11	10
01	00	01	10	11
10	11	10	00	01
11	10	11	01	00

几种典型的混沌分组密码方案

易迅（Xun Yi）[63]和亚契莫斯基（Jakimoski）[64]等详细讨论了混沌加密技术在分组密码中的应用及其对密码系统的影响，提出了另一种混沌密码系统。在这个密码系统中，由帐篷映射产生的实值序列通过一个域值函数来确定 $4n$ 比特的噪声向量。同时，也确定了一个 4 比特位和 $1 \sim 4$ 的排列之间的一个查询表。然后，噪声向量和排列置换操作交替应用到 $4n$ 比特明文上以产生 $4n$ 比特的密文（ $n \geqslant 16$ ）。显然，该密码系统存在如下两个缺陷：一是查询表太小，只有 16 项（4 比特位至多有 16 种取值）；二是 v_{ji} 和排列 w_{ji} 之间的关系是固定不变的，与密钥无关。在选择明文攻击时，这两个缺陷有可能成为密码系统的安全漏洞。

本章针对上述安全隐患，介绍几种结合代数群理论的混沌分组密码算法来弥补混沌分组密码的安全性问题。

5.1　基于混沌映射与代数群运算的分组密码算法

在本节，我们将详细讨论一种基于混沌和代数群论的混沌分组密码[65]。在这个密码系统中，通过比较两个由混沌分段线性映射产生的十进制序列的对应项得到 $64n$ 比特噪声向量。同时，定义了一个双射函数 $g:v_{ji} \rightarrow w_{ji}$ 来描述 v_{ji} 和排列 w_{ji}（1~8）之间的关系。

5.1.1　算法的密钥

在文献［66］中提出了一个具有良好随机统计特性的一维分段线性混沌映射，其定义如下：

$$F(p,x) = \begin{cases} \dfrac{x}{p}, & x \in [0,p) \\[2mm] \dfrac{x-p}{0.5-p}, & x \in [p,0.5] \\[2mm] F(p,1-x), & x \in [0.5,1] \end{cases} \tag{5.1}$$

此处，p 是控制参数，且 $p \in (0,0.5)$。该混沌映射式（5.1）在区间 $[0,1]$ 上具有下面的一些比较好的统计特性。

（1）其李雅普诺夫指数大于零，系统是混沌的，输出信号满足遍历各态性、混合性和确定性。

（2）具有一致的不变分布密度函数 $f(x) = 1$。

（3）输出轨道的近似自相关函数 $\tau(n) = \delta(n)$。

算法要求信息的发送者和接收者知道四个密钥参数 p_1，p_2，x_0，K，并且要求 $0 < p_1$，$p_2 < 0.5$，$p_1 \neq p_2$，K 是一个 $8 \times 8 = 64$ 比特的二进制密钥串。然后定义如下两个具有相同初值（x_0）的离散分段线性映射来产生拟混沌轨道 $\{x_1(i)\}$，$\{x_2(i)\}$：

$$F(p_1,x_1(0)):x_1(i+1) = F(p_1,x_1(i)) \tag{5.2}$$

$$F(p_2,x_2(0)):x_2(i+1) = F(p_2,x_2(i)) \tag{5.3}$$

此处，$x_1(0) = x_2(0) = x_0$，并且 $i = 0,1,2,\cdots$。

5.1.2　噪声向量

首先，分别用离散混沌映射 $F(p_1,x_1(0))$ 和 $F(p_2,x_2(0))$ 产生两个拟

混沌序列（当然，为了更好的性能可以让映射先行迭代 N_0 次）：$x_1(1)$，$x_1(2)$，$\cdots$，$x_1(i)$，$\cdots$；$x_2(1)$，$x_2(2)$，$\cdots$，$x_2(i)$，$\cdots$。

然后，定义噪声向量 $U_j(j=0,1,2,\cdots)$：$U_j=(u_{64\cdot j},u_{64\cdot j+1},,u_{64\cdot j+63})$。对任意 u_i 有：

$$u_i=\begin{cases}0,&x_1(i)>x_2(i)\\ \text{不输出},&x_1(i)=x_2(i)\\ 1,&x_1(i)<x_2(i)\end{cases}\tag{5.4}$$

5.1.3 混淆与扩散

对于 $j=0$，1，$\cdots$，设 $V_j=(v_{j0},v_{j1},\cdots,v_{j7})=(U_{j+2}\oplus K)<<<3$，这里，$\oplus$ 表示按位异或，$<<<3$ 表示循环左移 3 位，$v_{ji}(i=0,1,\cdots,7)$ 是一个 8 位的二进制位串，即 $v_{ji}=\{0,1\}^8$。

首先，构造一个双射函数 $g:v_{ji}\rightarrow w_{ji}$（见表 5.1）：即针对每一个 v_{ji} 构造一个 $1\sim8$ 的排列 w_{ji}。

表5.1 v_{ji} 与 w_{ji} 的 1，2，3，4，5，6，7，8 排列之间的关系

v_{ji}(8bit)	w_{ji}(8bit)	v_{ji}^{-1} (in group($Z_{2^8+1}^*$, $\odot$))
00000000	w_{j0}	256
00000001	w_{j1}	00000001
...	w_{ji}	...
11111110	$w_{j(2^8-2)}$	10101011
11111111	$w_{j(2^8-1)}$	10000000

$g:v_{ji}\rightarrow w_{ji}$ 的映射构造算法如下（算法 1）：

第一步：由混沌映射 $F(p_1,x_1(i))$ 产生一个新的混沌状态 $x_1(i+1)$。

第二步：通过模 8 加 1 操作，抽取 $x_1(i+1)$ 的前 8 个不同的数字位得到 $1\sim8$ 的一个排列。如果这次操作失败［即，状态 $x_1(i+1)$ 中的数字位通过模 8 加 1 操作不能得到 $1\sim8$ 的一个排列］或者得到的排列前面已经

出现过，则转第一步继续，直到得到 256 个不同的 1~8 的排列为止。

算法 1 描述如下：

$r \leftarrow 0$

$while\ r \leqslant 2^8 - 1\{$

    $while(1 > 0)\ \{$

        $for\ u \leftarrow (1)\ to(8)$

            $do\ P[u] \leftarrow 0$

        $x_1(i+1) \leftarrow F(p_1, x_1(i))$

        $x_1(i) = x_1(i+1)$

        $u \leftarrow 1$

        $while\ x_1(i+1) > 0\{$

            $k = (\lfloor x_1(i+1) \times 10 \rfloor \mod 8) + 1$

            $if\ k \neq (P[1]\ to\ P[u])\ then$

                $P[u] \leftarrow k$

                $u \leftarrow u + 1$

            $if\ u \leqslant 8\ then\ x_1(i+1) \leftarrow x_1(i+1) \times 10 - floor(x_1(i+1) \times 10)$

                $else\ break$

        $\}$

        $if\ P[8] \neq 0\ then\ break$

    $\}$

    $if\ P[1]P[2]\cdots P[8] \neq (w_{j0}\ to\ w_{jr})\ then$

        $w_{jr} \leftarrow P[1]P[2]\cdots P[8]$

        $r \leftarrow r + 1$

$\}$

然后，构造一个置换/代换映射 $f_{ji}(\cdot)$。设有一个 64 位的二进制位串 $M = (M_1, M_2, M_3, M_4, M_5, M_6, M_7, M_8)$，$f_{ji}(\cdot)$ 的定义如下：

$$f_{ji}(M_1,M_2,\cdots,M_k,\cdots,M_8) = w_{ji}(r_{ji}(M_1),r_{ji}(M_2),\cdots,r_{ji}(M_k),\cdots,r_{ji}(M_8))$$

$$(5.5)$$

其中 $M_k(k=1,2,\cdots,8)$ 是一个 8 位的二进制位串。$r_{ji}(\cdot)$ 表示 M_k 与 v_{ji} 在代数群 $(Z_{2^8+1}^*,\odot)$ 中的模 2^8+1 乘运算，即

$$r_{ji}(M_k) = M_k \odot v_{ji} = M_k \cdot v_{ji} \bmod(2^8+1) \qquad (5.6)$$

$w_{ji}(\cdot)$ 表示把 $(r_{ji}(M_1),r_{ji}(M_2),\cdots,r_{ji}(M_k),\cdots,r_{ji}(M_8))$ 按照映射 g 中 w_{ji} 所对应的排列进行重新排序。例如：$v_{ji}=(01100001)_2$，$w_{ji}=(4,6,1,3,5,8,7,2)$，$M_3=(01100010)_2$，由于 $v_{ji}\odot M_3=(11111110)_2=254$，则

$$f_{ji}(M_1,M_2,M_3,M_4,M_5,M_6,M_7,M_8)$$
$$= w_{ji}(r_{ji}(M_1),r_{ji}(M_2),r_{ji}(M_3),r_{ji}(M_4),r_{ji}(M_5),r_{ji}(M_6),r_{ji}(M_7),r_{ji}(M_8))$$
$$= w_{ji}(M_1',M_2',(11111110),M_4',M_5',M_6',M_7',M_8')$$
$$= (M_4',M_6',M_1',(11111110),M_5',M_8',M_7',M_2')$$
$$= (M_4',M_6',M_1',M_3',M_5',M_8',M_7',M_2')$$

此处，$M_k' = r_{ji}(M_k) = M_k \odot v_{ji} = M_k \cdot v_{ji} \bmod(2^8+1)$。当 i 为 0~7 时，记

$$f_j = f_{j7} \circ \cdots \circ f_{ji} \circ \cdots f_{j0} \qquad (5.7)$$
$$f_j^{-1} = f_{j0}^{-1} \circ \cdots \circ f_{ji}^{-1} \circ \cdots f_{j7}^{-1} \qquad (5.8)$$
$$f_{ji}^{-1}(M_1,M_2,\cdots,M_k,\cdots,M_8) = w_{ji}^{-1}(r_{ji}^{-1}(M_1),r_{ji}^{-1}(M_2),\cdots,r_{ji}^{-1}(M_k),\cdots,r_{ji}^{-1}(M_8))$$

$$(5.9)$$

此处，$r_{ji}^{-1}(M_k) = M_k \odot v_{ji}^{-1} = M_k \cdot v_{ji}^{-1} \bmod(2^8+1)$，$v_{ji}^{-1}$ 是 v_{ji} 在群 $(Z_{2^8+1}^*,\odot)$ 中的逆元。

5.1.4 加密/解密过程

将原始的明文 P（二进制位流）按顺序分成 $(P_1,P_2,\cdots,P_r)$ 块。每块长为 64 比特。如果最后一块 P_r 不足 64 比特，则在后面补上 0。

设 $C_0 = U_0, P_0 = U_1$。每一块 64 比特的明文 $P_{j+1}, (j = 0, 1, 2, \cdots, r - 1)$ 将按式（5.10）加密成 64 比特的密文 $C_{j+1}, (j = 0, 1, 2, \cdots, r - 1)$。

$$C_{j+1} = f_j(P_{j+1} \oplus (C_j \boxplus U_{j+2})) \oplus (P_j \boxplus U_{j+2}) \tag{5.10}$$

每一个 64 比特的密文 C_j 将按式（5.11）解密成 64 比特的明文 P_j。

$$P_{j+1} = f_j^{-1}(C_{j+1} \oplus (P_j \boxplus U_{j+2})) \oplus (C_j \boxplus U_{j+2}) \tag{5.11}$$

其加密/解密结构如图 5.1 所示。在整个加/解密过程中，$\oplus$ 表示在群 $(F_2^{64}, \oplus)$ 中的按位异或，$\odot$ 表示在群 $(Z_{2^8+1}^*, \odot)$ 中的模 $2^8 + 1$ 乘运算。$\boxplus$ 表示在群 $(Z_{2^{64}}, \boxplus)$ 中的模 2^{64} 加运算。

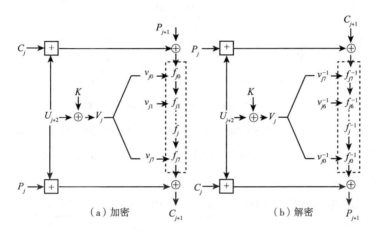

图 5.1 加密/解密结构

5.1.5 仿真结果

在密码系统中，安全性是首要的问题。下面从理论和仿真实验两方面来阐述本书提出的加密算法的安全性。在下面的分析与实验过程中，由于 $0 \notin Z_{2^8+1}^*$ 而 $2^8 = 256 \in Z_{2^8+1}^*$，所以用 2^8 代替 0。另外，在计算群 $(Z_{2^8+1}^*, \odot)$ 的逆元时，我们采用了扩展的 Euclidean 算法。

设 $x_0 = 0.436567349535648$, $p_1 = 0.485734534345379$, $p_2 = 0.234579834895896$, 密钥 K = "cryption"，其对应的二进制为：

$$K = \underbrace{01100011}_{c}\ \underbrace{01110010}_{r}\ \underbrace{01111001}_{y}\ \underbrace{01110000}_{p}\ \underbrace{01110100}_{t}\ \underbrace{01101001}_{i}\ \underbrace{01101111}_{o}\ \underbrace{01101110}_{n}$$

先让 $F(p_1, x_0)$，$F(p_2, x_0)$ 迭代 250 次，接着按照算法 1 构造 g：$v_{ji} \rightarrow w_{ji}$ 的映射（见表 5.2），最后计算 U_0，U_1，U_2，V_0。

表 5.2　　　　v_{0i} 与 w_{0i} 的 1，2，3，4，5，6，7，8 排列之间的关系

w_{0i}		w_{0i}		v_{0i}^{-1}
v_{00}	245	54162387	w_{00}	107
v_{01}	163	82457613	w_{01}	41
v_{02}	70	14275386	w_{02}	246
v_{03}	253	31264785	w_{03}	64
v_{04}	209	25417863	w_{04}	91
v_{05}	89	65418732	w_{05}	26
v_{06}	15	74362518	w_{06}	120
v_{07}	168	67385214	w_{07}	231

$U_0 = 0111000010101011000111100011000110100100110000110110100000100001$

$U_1 = 0001000000011110100101011111011010010100110000010000111000100011$

$U_2 = 0111110111000110000100011010101111110011100100001001001110100011011$

$$V_0 = U_2 \oplus K <<< 3$$

$$= \underbrace{11110101}_{v_{00}}\ \underbrace{10100011}_{v_{01}}\ \underbrace{01000110}_{v_{02}}\ \underbrace{11111101}_{v_{03}}\ \underbrace{11010001}_{v_{04}}\ \underbrace{01011001}_{v_{05}}\ \underbrace{00001111}_{v_{06}}\ \underbrace{10101000}_{v_{07}}$$

则明文 $P_1 = "example1"$（其 ASCII 码为："101，120，097，109，112，108，101，049"）按照式（5.10）、式（5.5）和式（5.7）加密后的密文 C_1 的 ASCII 码是"139，186，020，164，087，052，026，185"。注意，在 C_1 中可能存在一些不可打印字符。

5.1.6　安全性与性能分析

5.1.6.1　密钥空间分析

在下面的分析中，采用 IEEE 754 浮点数标准[67]。根据密钥序列 u_i 的

产生方法可以知道，式（5.2）、式（5.3）中参数 p_1，p_2 对最后得到的密钥序列 u_i 的性能影响非常大。因此需要仔细地选择参数 p_1 和 p_2。设 $p_1 = 0.d_1^{(1)}d_2^{(1)}\cdots d_{15}^{(1)}$，$p_2 = 0.d_1^{(2)}d_2^{(2)}\cdots d_{15}^{(2)}$，$x_0 = 0.x_1x_2\cdots x_{15}$。因为 $0 < p_1$，$p_2 < 0.5$，$p_1 \neq p_2$，所以 p_1 和 p_2 的第 1 位 $d_1^{(1)}$ 和 $d_1^{(2)} \in \{0,1,2,3,4\}$，又 K 的长度为 64 位，则本书提出的算法的密钥空间约为：

$$(5 \cdot 10^{14}) \times (5 \cdot 10^{14}) \times (10^{15}) \times 2^{64} = 2.5 \times 10^{44} \times 2^{64} \approx 2^{207.5}$$

如果采取蛮力攻击，此时密码分析者并不需要知道具体的 p_1、p_2 和 x_0，但需要知道 U_j、K 和映射 $g: v_{ji} \to w_{ji}$，每一个 v_{ji}（8 位）所对应的排列 w_{ji}（8 位）。此时的密钥空间约为 $8! \cdot (8!-1) \cdot \cdots \cdot (8!-255) \cdot 2^{64} \cdot 2^{64}$。对目前的计算能力来说，这个数字也是相当大了。

5.1.6.2 扩散与混淆分析

在本书提出的加密算法中，混合使用了三种不同代数群中的运算：群（F_2^{64}，$\oplus$）中的按位异或运算；群（$Z_{2^8+1}^*$，$\odot$）中的模 2^8+1 乘运算；群（$Z_{2^{64}}$，$\boxplus$）中的模 2^{64} 加运算。由于三种运算的任何两种都不满足分配律和结合律（即，三种运算互不相容），再加上 $w_{ji}(\cdot)$ 的重排，所以算法获得了很好的扩散与混淆作用。下面来证明（$Z_{2^8+1}^*$，$\odot$）是可交换群。

由于 2^8+1 是一个素数，所以 $Z_{2^8+1}^* = \{a \mid a \in 1,2,\cdots,256\}$ 对模 2^8+1 乘法运算 $\odot$（$\odot$，$a \odot b = (a \cdot b)_{2^8+1}$）构成交换群。其证明过程如下：

证明：设 $m = 2^8 + 1 = 257$，则 m 是一个素数。

（1）$\odot$ 运算是自封的。

假设 a，$b \in Z_m^*$，即 $0 < a$，$b < m$。因为 m 是素数，所以 $(a, m) = (b, m) = 1$ 且 $(ab, m) = 1$。设 m 去除 ab 所得的商是 q，余数是 $(ab)_m$，即：

$$ab = qm + (ab)_m, 0 \leq (ab)_m < m$$

所以 $(ab, m) = ((ab)_m, m)$，所以 $((ab)_m, m) = 1$，所以 $a \odot b = (ab)_m \in Z_m^*$。

（2）⊙运算是可交换的。

设 a，$b \in Z_m^*$，则 $a \odot b = (ab)_m = (ba)_m = b \odot a$。所以，⊙运算是可交换的。

（3）⊙运算是可结合的。

设 a，b，$c \in Z_m^*$。如果 $m \mid a - b$，则 $(a)_m = (b)_m$。一方面，由于 $ab - (a)_m (b)_m = a(b - (b)_m) + (a - (a)_m)(b)_m$ 是 m 的倍数。所以，$m \mid ab - (a)_m (b)_m$；因此，$(ab)_m = ((a)_m (b)_m)_m$。另一方面，$c \in Z_m^*$，则 $c = (c)_m$。所以

$$(a \odot b) \odot c = ((ab)_m \cdot c)_m = ((ab)_m \cdot (c)_m)_m$$
$$= ((ab)c)_m = (a(bc))_m = (a(bc)_m)_m$$
$$= a \odot (b \odot c)$$

（4）单位元 e 的属性。

对所有的 $g \in Z_m^*$，由于 $1 \odot g = (1 \times g)_m = g = (g \times 1)_m = g \odot 1$，所以 1 是群 $(Z_m^*, \odot)$ 中的单位元。

（5）逆元的唯一存在性。

设 $a \in Z_m^*$，则 $(a, m) = 1$，所以存在整数 c 和 d 使得 $1 = ca + dm$，所以 $(c, m) = 1$，$((c)_m, m) = 1$，$(c)_m \in Z_m^*$，$1 = ca + dm = (ca + dm)_m = (ca)_m = ((c)_m \cdot a)_m = (c)_m \odot a$。因此 $(c)_m = a^{-1}$，逆元的唯一存在性得证。

证明毕。

5.1.6.3　加密与解密的唯一性

对于任何一个加密算法，其加密/解密的唯一性都是必需的。本加密方案中的算法涉及以下几种运算：群上的异或 $\oplus$、模加 $\boxplus$、模乘 $\odot$ 和根据映射 $g: v_{ji} \to w_{ji}$ 的重排置换。因此，本书的加密算法的加密/解密的唯一性是由以下两点确定的：

（1）在群 $(F_2^{64}, \oplus)$、$(Z_{264}, \boxplus)$ 和 $(Z_{2^8+1}^*, \odot)$ 上的运算是可逆的，且其逆元唯一。

（2）映射 $g: v_{ji} \to w_{ji}$ 是一个双射。

5.1.6.4 统计测试

根据香农理论，一个好的加密算法应该具有良好的抗统计攻击能力。文本文件中的字符都是一些可见字符，其 ASCII 码值位于 033～126 之间，用本书中的算法加密之后，其 ASCII 码分布于 0～255 之间且更加均匀，因而具有更好的抗统计攻击能力（见图5.2）。

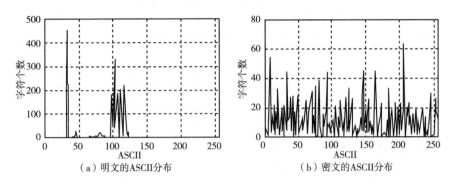

（a）明文的ASCII分布   （b）密文的ASCII分布

图5.2 明文与密文的分布

当然，由式（5.4）产生的伪随机序列 u_i 也具有很好的伪随机特性[63,64,68]。这些良好的统计特性表明明文和密文之间有相对较好的独立性。

为了评估本书提出的算法性能，笔者对约 3200 字节的文本和一个 128 × 128 的灰度图像用本书提出的算法进行了加/解密。实验统计结果（见图5.2、图5.3 和表5.3）表明密文的分布完全不同于明文，其在整个 ASCII 码表上的分布更加均匀。

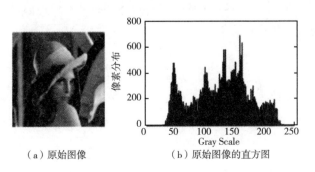

（a）原始图像   （b）原始图像的直方图

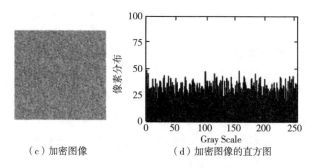

（c）加密图像   （d）加密图像的直方图

图 5.3　原始图像和加密图像的像素分布

表 5.3 相关系数（N = 6400 和 N = 25600）

参数	$x_0 = 0.436567349535648$ $p_1 = 0.485734534345379$ $p_2 = 0.234579834895896$	$x_0 = 0.436567349535647$ $p_1 = 0.485734534345379$ $p_2 = 0.234579834895896$	$x_0 = 0.436567349535648$ $p_1 = 0.485734534345379$ $p_2 = 0.234579834895897$
相关系数（N = 6400）	0.0224	0.0235	0.0242
相关系数（N = 25600）	0.0118	0.0121	0.0115

更进一步地，明文序列 m_1，m_2，m_3，…，m_N 和密文序列 e_1，e_2，e_3，…，e_n 之间的相关系数 ρ 按照式（5.12）[63,69]进行计算：

$$\rho = \frac{N \sum (m_j e_j) - \left(\sum m_j \right) \left(\sum e_j \right)}{\sqrt{\left(N \sum m_j^2 - \left(\sum m_j \right)^2 \right) \left(N \sum e_j^2 - \left(\sum e_j \right)^2 \right)}} \quad (5.12)$$

当 $N = 800 \times 8 = 6400$ 和 $N = 3200 \times 8 = 25600$ 时，明文序列和其相应的密文序列的相关系数计算结果见表 5.3。实验数据全部落在 $\mu - 2\sigma$，$\mu + 2\sigma$，即（-0.01254，0.01254）之间，μ 和 σ 的定义如式（5.13），它被认为是一个好的相关系数区间[70]。

$$\mu = \frac{-1}{N-1}, \; \sigma = \frac{1}{N-1} \sqrt{\frac{N(N-3)}{N+1}} \quad (5.13)$$

由于，这些数据都非常小，它表明明文序列和密文序列是相互独立的。

5.1.6.5　密钥敏感性测试

任何一种密码系统都需提供三种重要特性来防止密码分析[59]，即：

（1）对密钥敏感：对同一明文，密钥的微小变化将产生完全不同的密文。

（2）对明文敏感：对同一密钥，明文的微小变化将产生完全不同的密文。

（3）明文到密文的映射是随机的：一个好的密码系统，密文中不应该存在任何固定模式。

由于本书算法的密钥是由 p_1，p_2，x_0，K 构成的，所以从以下两方面来加以验证：

一方面，保持 p_1，p_2 和 x_0 不变，改变 K 的最后一位得到 K'，即

$$K' = \underbrace{01100011}_{c}\ \underbrace{01110010}_{r}\ \underbrace{01111001}_{y}\ \underbrace{01110000}_{p}\ \underbrace{01110100}_{t}\ \underbrace{01101001}_{i}\ \underbrace{01101111}_{o}\ \underbrace{01101111}_{o}$$

则 $P_1 = "example1"$ 加密后的密文 C_1' 的 ASCII 码是 "063，228，053，068，041，184，046，031"，它完全不同于 C_1。

另一方面，保持 p_1，p_2 和 K 不变，改变 x_0 的最后一位得到 $x_0' = 0.436567349535647$。则

$$U_0' = 1110011000001000001000111011010000100110111101110010111110000010$$

$$U_1' = 0000001101100110000010111101110010101100010010110111000000000100$$

$$U_2' = 0100110111111111000001001000000010000111011100011101001110011011$$

$$V_0' = U_2' \oplus K <<< 3$$

$$= \underbrace{01110100}_{v_{00}}\ \underbrace{01101011}_{v_{01}}\ \underbrace{11101101}_{v_{02}}\ \underbrace{10000111}_{v_{03}}\ \underbrace{10011000}_{v_{04}}\ \underbrace{11000101}_{v_{05}}\ \underbrace{11100111}_{v_{06}}\ \underbrace{10101001}_{v_{07}}$$

明文 $P_1 = "example1"$ 加密后的密文 C_1'' 的 ASCII 码是 "004，116，078，084，185，093，011，107"。

可以看出，当密钥 x_0 只有 10^{-15} 差异时，此时参与群中运算的元素及映射 $g(\cdot)$ 与原来的完全发生了变化（见表5.2和表5.4）。同时，得到的密文 C_1'' 也完全不同于 C_1。另外，由于本书算法在解密过程中需要 v_{ji} 在群 $(Z_{2^8+1}^*, \odot)$ 中的逆元 v_{ji}^{-1}，而不同元素的逆元也是不同的，所以本书的算

法对解密密钥也是敏感的。

表 5.4　　v'_{0i} 与 w'_{0i} 的 1，2，3，4，5，6，7，8 排列之间的关系

v'_{0i}		w'_{0i}		$(v'_{0i})^{-1}$
v'_{00}	116	72865341	w'_{00}	113
v'_{01}	107	71548623	w'_{01}	245
v'_{02}	237	75483261	w'_{02}	167
v'_{03}	135	74158623	w'_{03}	99
v'_{04}	152	58316427	w'_{04}	93
v'_{05}	197	42568317	w'_{05}	227
v'_{06}	231	14875632	w'_{06}	168
v'_{07}	169	48132567	w'_{07}	73

5.2　基于混沌映射和消息变换的分组密码算法

本节介绍一种新的基于混沌和代数群上的 ⊙ 运算的更具安全性的混沌分组密码[72]，它借鉴了 AES 算法[71] 的变换思想。在这个密码系统中，128 比特的明文用 128 比特的密钥 K、Logistic 映射的控制参数 μ 和初值 x_0，经过 8 轮计算上相同的轮加密和一个输出变换加密成 128 比特的密文。在第 r 轮使用了 128 比特的轮密钥 $K^{(r)}$ 把一个 128 比特的输入 $C^{(r-1)}$ 变换成 128 比特的输出块作为下一轮的输入。第 8 轮的输出经过一个输出变换形成最后的密文。所有的轮密钥是由 128 比特密钥 K 和混沌映射产生的 128 比特的随机二进制序列导出的。

5.2.1　伪随机二进制序列的产生

具有良好性质的伪随机数序列在保密通信和密码学中有着广泛应用。根据科达（Kohda）和恒田（Tsuneda）的文献［24］（见第 3.4 节），Logistic 映射：

$$\tau^{n+1}(x) = \mu\tau^n(x)(1 - \tau^n(x)), x \in I = [0,1] \qquad (5.14)$$

具有很多与密码学相关的优良特性。这些属性在产生独立同分布的随机数序列方面具有重要意义。在本节，我们将采用如下的方法来获得随机变量序列。一个实数 x 表示成如下的二进制形式：

$$x = 0. b_1(x)b_2(x)\cdots b_i(x)\cdots, \quad x \in [0,1], \quad b_i(x) \in \{0,1\}$$
$$(5.15)$$

在这个表示形式中，第 i 比特可以表示成：

$$b_i(x) = \sum_{r=1}^{2^i-1} (-1)^{r-1}\Theta_{(r/2^i)}(x) \qquad (5.16)$$

此处，$\Theta_t(x)$ 是一个域值函数，其定义如下：

$$\Theta_t(x) = \begin{cases} 0, & x < t \\ 1, & x \geq t \end{cases} \qquad (5.17)$$

这样，我们就得到了一个独立同分布的二进制随机序列，$B_i^n = \{b_i(\tau^n(x))\}_{n=0}^{\infty}$。

5.2.2　双射映射的构造

首先，构造一个如表 5.5 所示的双射映射 $g: r \rightarrow w_r$。w_r 是 1，2，3，4，5，6，7，8 的一个排列。

表 5.5　　　r 与 w_r 的 1，2，3，4，5，6，7，8 排列之间的关系

r		w_r
十进制	二进制	
0	00000000	w_0
1	00000001	w_1
...	......	w_i
254	11111110	w_{254}
255	11111111	w_{255}

映射 g：$r {\rightarrow} w_r$ 的映射构造算法如下：

（1）混沌状态 $\tau^i(x)$，由混沌映射（5.14）产生一个新的混沌状态 $\tau^{i+1}(x)$。

（2）通过模 8 加 1 操作，抽取 $\tau^{i+1}(x)$ 前 8 个不同的数字位得到 1~8 的一个排列。如果这次操作失败［即，状态 $\tau^{i+1}(x)$ 中的数字位通过模 8 加 1 操作不能得到 1~8 的一个排列］或者得到的排列前面已经出现过，则转（1）继续。直到得到 256 个不同的 1~8 的排列为止。具体算法的伪代码见 5.1.3 节。

5.2.3　群上的 ⊙ 运算

在群 $Z^*_{2^{16}+1} = \{a \mid a \in 1,2,\cdots,2^{16}\}$ 中，⊙ 表示两个元素的模乘操作，即两个元素的乘积再模上 $2^{16}+1$。设 a，$b \in Z^*_{2^{16}+1}$，则 $a \odot b = (a \cdot b)_{2^{16}+1} = c \in Z^*_{2^{16}+1}$。同时，群（$Z^*_{2^{16}+1}$，⊙）是一个可交换群（详细证明见第 5.1 节），所以群中的元素的逆元存在且唯一，即 $b = c \odot a^{-1}$。例如，设 $a = 457$，$b = 239$，那么 $c = a \odot b = (457 \cdot 239)_{2^{16}+1} = (109223)_{2^{16}+1} = 43686 \in Z^*_{2^{16}+1}$，$a^{-1} = 53204$，$b = c \odot a^{-1} = (43686 \cdot 53204)_{2^{16}+1} = 239$。

由于 $0 \notin Z^*_{2^{16}+1}$ 而 $2^{16} = 65536 \in Z^*_{2^{16}+1}$，所以用 2^{16} 代替 0。因此，如果一个操作数是 0 时，用 2^{16} 代替，同样，如果结果等于 2^{16}，则用 0 代替。另外，在计算群（$Z^*_{2^{16}+1}$，⊙）的逆元时，采用了扩展的欧几里得（Euclidean）算法。

5.2.4　加解密过程

在该加密算法中，一个 128 比特的明文块用一个 128 比特的密钥 K 和 Logistic 映射产生的双射函数 g，经过 8 次相似的轮加密和最后一个输出变换，最后加密成一个 128 比特的密文块。在每一轮中采用了一个 128 比特

的轮密钥 $K^{(r)}$，$r = 1$，2，$\cdots$，8。

5.2.4.1 密钥编排

在本书加密算法中，所有的轮密钥 $K^{(r)}$，$r = 1$，2，$\cdots$，8 都是由密钥 K 和第 5.2.1 节中描述的方法产生的伪随机二进制序列（PRN）导出的。下面的密钥扩展算法描述了轮密钥的生成过程。

密钥编排：keyschedule(K，PRN)

输入：128 比特的密钥 $K(k_1 \cdots k_{128})$

输出：8 个 128 比特的轮密钥 $K^{(r)}$（分别用于 8 个加密轮）

步骤：$for(r = 1; r \leqslant 8; r + +)$

$$K^{(r)} = PRN \oplus (K < < < 16 \cdot (r - 1)) \oplus 2^{r-1}$$

说明：

1. $\oplus$ 表示按位异或运算。

2. $< < <$ 表示将 K 循环左移 $16 \cdot (r - 1)$ 位。

3. 在 $\oplus$ 运算过程中，2^{r-1} 将被扩展到 128 位。

5.2.4.2 初始排列变换

本书的加密算法中，输入和输出都被看成编号为 $0 \sim 15$ 的 16 个字节，所以其长度是 128 比特。初始排列（initialPermu）算法按照图 5.4 所示的方法重排 128 个比特的输入 P，得到 128 个比特的输出 P'。

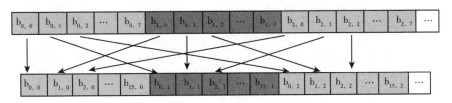

图 5.4　初始排列变换示意

初始排列变换：initialPermu（P）

输入：128 比特明文 $P(b_{0,0}$，$b_{0,1}$，$\cdots$，$b_{i,j}$，$\cdots$，$0 \leqslant i \leqslant 15$，$0 \leqslant j \leqslant 7$）

输出：变换后的 128 比特流 P'

步骤 1：*for i←0 to 7* ｛

　　　　　　P_i←the *i*th bit of all 16 bytes.

　　　｝

步骤 2：$P' \leftarrow P_0 P_1 P_2 P_3 P_4 P_5 P_6 P_7$

这个初始变换的好处在于，使得每轮加密都同时作用在 16 个字节的不同比特位上，从而增强该算法安全性。

显然，初始排列变换是可逆的，并把这种可逆变换记为 Inv_initialPermu。

5.2.4.3　替换变换

替换变换（MessageSub）是一个非线性的字（16 比特）变换，独立地作用在每一个 16 比特的子块上。变换过程如以下算法所示：

替换变换：MessageSub（$K^{(r)}$，$C^{(r-1)}$）

输入：第 r 轮的轮密钥 $K^{(r)}$，第（$r-1$）轮的输出密文 $C^{(r-1)}$

输出：128 比特的中间结果 $I^{(r)}$

步骤 1：将 $K^{(r)}$，$C^{(r-1)}$ 分别划分为 8 个 16 比特的块 $K_i^{(r)}$ 和 $C_i^{(r-1)}$（$1 \leqslant i \leqslant 8$）

步骤 2：*for i←1 to 8* ｛

　　　　　　$a \leftarrow Bin2Int$（$K_i^{(r)}$）

　　　　　　$b \leftarrow Bin2Int$（$C_i^{(r-1)}$）

　　　　　　if　a = 0

　　　　　　　　then a←2^{16}

　　　　　　if　b = 0

　　　　　　　　then b←2^{16}

$$c_i \leftarrow a \odot b$$
$$if \quad c_i = 256$$
$$then \ c_i \leftarrow 0$$
$$I_i^{(r)} \leftarrow Int2Bin(c_i)$$

\}

步骤 3：$I^{(r)} \leftarrow (I_1^{(r)} I_2^{(r)} I_3^{(r)} I_4^{(r)} I_5^{(r)} I_6^{(r)} I_7^{(r)} I_8^{(r)})$

说明：

1. $\odot$ 表示群 $Z_{2^{16}+1}^*$ 上的模 $2^{16}+1$ 乘法操作。

2. $Bin2Int(.)$ 将 16 比特二进制数转换为群 $Z_{2^{16}+1}^*$ 上的元素。

3. $Int2Bin(.)$ 将群 $Z_{2^{16}+1}^*$ 上的元素转换为 16 比特二进制数。

显然，因为群 $(Z_{2^{16}+1}^*, \odot)$ 上的 $\odot$ 可逆，所以替换变换也是可逆的，并且其逆变换也是非线性的字变换。其可逆性由群 $(Z_{2^{16}+1}^*, \odot)$ 的可逆性决定，即 $C_i^{(r-1)} \leftarrow (K_i^{(r)})^{-1} \odot I_i^{(r)}$，$(K_i^{(r)})^{-1}$ 是 $K_i^{(r)}$ 在群 $Z_{2^{16}+1}^*$ 上的逆元。我们记替换变换的逆变换为 Inv_MessageSub。

5.2.4.4　移位变换

在移位变换（MessageShift）过程中，不同的子块，根据轮密钥的不同，循环左移不同的位数。其具体过程如下所示：

移位变换：MessageShift $(K^{(r)}, I^{(r)})$

输入：第 r 轮的轮密钥 $K^{(r)}$，第 r 轮替换变化的输出 $I^{(r)}$

输出：128 比特的中间结果 $T^{(r)}$

步骤 1：将 $K^{(r)}$，$I^{(r)}$ 分别划分为 8 个 16 比特的块 $K_i^{(r)}$ 和 $I_i^{(r)}$（$1 \leqslant i \leqslant 8$）

步骤 2：$for \ i \leftarrow 1 \ to \ 8$

$do \ T_i^{(r)} \leftarrow I_i^{(r)} <<< (Bin2Int(K_i^{(r)}) \ mod \ 2^4)$

步骤 3：$T^{(r)} \leftarrow (T_1^{(r)} T_2^{(r)} T_3^{(r)} T_4^{(r)} T_5^{(r)} T_6^{(r)} T_7^{(r)} T_8^{(r)})$

说明：$<<<$ 表示将 $I_i^{(r)}$ 循环左移（ $Bin2Int(K_i^{(r)})\ mod\ 2^4$ ）位。

移位变换的可逆变换是循环右移，即 $I_i^{(r)} \leftarrow T_i^{(r)} >>> (Bin2Int(K_i^{(r)})$ $mod2^4)$。我们把这种可逆变换记为 Inv_MessageShift 。

5.2.4.5 排列变换

在排列变换（MessagePermu）过程中，实质是对 128 比特的 8 个 16 比特子块进行重排列。其具体过程如下：

排列变换：MessagePermu（$K^{(r)}$, $T^{(r)}$）

输入：第 r 轮的轮密钥 $K^{(r)}$，第 r 轮移位变换的输出 $T^{(r)}$

输出：128 比特的密文 $C^{(r)}$

步骤 1：将 $K^{(r)}$ 划分为 16 个 8 比特 $K_i^{(r)}$（$1 \leqslant i \leqslant 16$），$T^{(r)}$ 划分为 8 个 16 比特的块 $T_j^{(r)}$（$1 \leqslant j \leqslant 8$）

步骤 2：$w_r = g(\bigoplus_{i=1}^{16} K_i^{(r)})$

步骤 3：按照映射 g 中 w_r 对应的排列重排（$T_1^{(r)} T_2^{(r)} T_3^{(r)} T_4^{(r)} T_5^{(r)} T_6^{(r)} T_7^{(r)}$ $T_8^{(r)}$）得到（$T_{i_1}^{(r)} T_{i_2}^{(r)} T_{i_3}^{(r)} T_{i_4}^{(r)} T_{i_5}^{(r)} T_{i_6}^{(r)} T_{i_7}^{(r)} T_{i_8}^{(r)}$）

步骤 4：$C^{(r)} \leftarrow (T_{i_1}^{(r)} T_{i_2}^{(r)} T_{i_3}^{(r)} T_{i_4}^{(r)} T_{i_5}^{(r)} T_{i_6}^{(r)} T_{i_7}^{(r)} T_{i_8}^{(r)})$

说明：映射 g 的定义见第 5.2.2 节。

例如，设 $\bigoplus_{i=1}^{16} K_i^{(r)} = 01011001$，$w_r = g(01011001) = 43582167$，下面的列表形式 $\begin{pmatrix} 1 & 2 & 3 & 4 & 5 & 6 & 7 & 8 \\ 4 & 3 & 5 & 8 & 2 & 1 & 6 & 7 \end{pmatrix}$ 解释了排列变换的过程。所以，$T_1^{(r)} T_2^{(r)} T_3^{(r)} T_4^{(r)} T_5^{(r)} T_6^{(r)} T_7^{(r)} T_8^{(r)}$ 通过排列变换，变成了 $T_4^{(r)} T_3^{(r)} T_5^{(r)} T_8^{(r)} T_2^{(r)} T_1^{(r)}$ $T_6^{(r)} T_7^{(r)}$。

显然，排列变换是可逆的，其逆变换记作 Inv_MessagePermu。

5.2.4.6 加密与解密步骤

本节所提出的加密算法的加密步骤如下：

加密算法：Encryption (K, P, x_0, μ)

输入：密钥 K，明文 P，初值 x_0 和控制参数 μ

输出：128 比特的密文 C

步骤 1：按照 5.2.1 节方式生成 128 比特的伪随机二进制序列 PRN

步骤 2：按照 5.2.2 节算法构造双射映射 g

步骤 3：按照密钥编排算法 keyschedule (K, PRN)，产生 8 个轮密钥 $K^{(r)}(1 \leqslant r \leqslant 8)$

步骤 4：按照初始排列变换（initialPermu(P)）对明文 P 进行排列，并将结果赋给 P'

步骤 5：将 P' 赋给 $C^{(0)}$，即 $C^{(0)} \leftarrow P'$

步骤 6：如下操作，按序执行 8 轮：

$$I^{(r)} \leftarrow \text{MessageSub}\ (K^{(r)}, C^{(r-1)})$$

$$T^{(r)} \leftarrow \text{MessageShift}\ (K^{(r)}, I^{(r)})$$

$$C^{(r)} \leftarrow \text{MessagePermu}\ (K^{(r)}, T^{(r)})$$

步骤 7：输出密文 C，即 $C \leftarrow \text{Inv\_initialPermu}\ (C^{(8)})$

加密过程如图 5.5 所示。

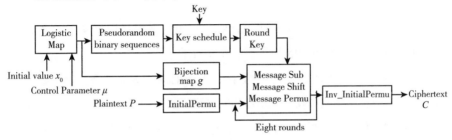

图 5.5　加密过程示意[72]

在图 5.5 所示的密码系统中，每一轮实际上只有一个非线性变换，即替换变换。在解密过程中，每一轮的变换顺序是与加密过程相反的。其具体步骤如下：

解密算法：Decryption（K，C，x_0，μ）

输入：密钥 K，密文 C，初值 x_0 和控制参数 μ

输出：128 比特的明文 P

步骤 1：按照 5.2.1 节方式生成 128 比特的伪随机二进制序列 PRN

步骤 2：按照 5.2.2 节算法构造双射映射 g

步骤 3：按照密钥编排算法 keyschedule（K，PRN），产生 8 个轮密钥 $K^{(r)}$（$1 \leqslant r \leqslant 8$）

步骤 4：按照初始排列变换（initialPermu（C））对密文 C 进行排列，并将结果赋给 C'

步骤 5：将 C' 赋给 $C^{(8)}$，即 $C^{(8)} \leftarrow C'$

步骤 6：如下操作，按序执行 8 轮：

$$T^{(r)} \leftarrow \text{Inv\_MessagePermu}（K^{(r)}，C^{(r)}）$$
$$I^{(r)} \leftarrow \text{Inv\_MessageShift}（K^{(r)}，T^{(r)}）$$
$$C^{(r-1)} \leftarrow \text{Inv\_MessageSub}（K^{(r)}，I^{(r)}）$$

步骤 7：输出明文 P，即 $P \leftarrow \text{Inv\_initialPermu}（C^{(0)}）$

5.2.5 仿真实验结果

在一个密码系统中，安全性是首要的问题。下面我们将从理论和仿真实验方面来阐述本书提出的加密算法的安全性。

在实验中，为了评估算法的性能，我们采用了一个 256×256 像素的灰度图像文件。设 $x_0 = 0.436567349535648$，$\mu = 3.99999996$，$K = "abcdefghijklmnop"$。为了避免瞬态效应，忽略 Logistic 映射开始迭代的 250 次。

图 5.6 表明，该算法能够正确地加/解密文件。注意，当用本书的算

法来加密文本文件时，在密文中可能存在一些不可打印的字符。

（a）明文图像Lena　　　　　（b）加密后的图像　　　　　（c）解密后的图像

图 5.6　Lena 图的加密结果

5.2.6　安全性分析

5.2.6.1　密钥空间

在本加密算法中，Logistic 映射在迭代过程中采用了 IEEE 754 浮点数标准[67]。设 $x_0 = 0. x_1 x_2 \cdots x_{15}$，又因为任意的 128 比特都可以作为密钥 K，所以，算法的密钥空间约为 $(10^{15}) \times 2^{128} \approx 2^{177.83}$（注：由于 Logistic 映射的控制参数 μ 的取值范围比较窄，所以没有把它考虑为密钥）。

如果密码分析人员采用蛮力攻击，他们不需要知道 Logistic 映射的细节，譬如初始值 x_0 和控制参数 μ。但他们必须知道密钥 K 和双射映射 $g : r \rightarrow w_r$。根据前面第 5.2.2 节双射映射的构造，此时的密钥空间大约是 $8! \cdot (8! - 1) \cdot \cdots \cdot (8! - 255) \cdot 2^{128}$，这对于当今的计算能力来说，是一个非常大的数了。

5.2.6.2　加密与解密的唯一性

对任何密码系统来说，加密/解密的唯一性都是必需的。在本书提出的密码系统中，加/解密过程中的下面两条保证了密码系统的这个特性。

（1）所有的变换都是可逆的。

（2）映射 $g: v_{ji} \rightarrow w_{ji}$ 是一个双射。

5.2.6.3　排列分析

正如文献 [70] 中所述，PRN 序列是独立同分布的。除非知道混沌系统的初始值 x_0 和控制参数 μ，否则很难从 PRN 序列的前面位来预测下一位。同时，只有混沌实值轨道 $\tau^n(x)$ 的部分位参与了构造 PRN 序列。因此，在进行密码分析时，对 x_0 的猜测和加密系统的重构变成了不可能。

排列几乎是所有的传统密码系统的基本操作。在许多的密码系统中，排列只是根据设计者预先定义的方式重新排列输入元素，与密钥无关。在实际的密码分析过程中，由于这种排列很容易被差分分析攻破，所以它对算法安全性几乎没有什么意义。然而，在本书提出的加密算法中，排列是与密钥相关的，不同的消息块有不同的排列方式，从而增加了密码分析的难度。

5.2.6.4　统计测试

根据香农理论，一个密码系统在抗统计攻击方面应该具有很好的性质。下面的实验表明本章的密码系统保留了这个好的特性。

（1）明文图像和密文图像的统计直方图。我们发现密文的直方图分布已经相当均匀了，并且完全不同于明文的直方图分布。

（2）相邻像素的相关性。相邻像素有很高的相关性是图像的一个固有性质。统计攻击利用这个固有性质来展开密码分析。因此，一个安全的加密系统应该能够破坏这种相关性以提高算法的抗统计攻击能力。每对像素的相关性使用下面的公式来计算。

$$E(x) = \frac{1}{N} \sum_{i=1}^{N} x_i \tag{5.18}$$

$$D(x) = \frac{1}{N} \sum_{i=1}^{N} (x_i - E(x))^2 \tag{5.19}$$

$$\text{cov}(x,y) = \frac{1}{N}\sum_{i=1}^{N}(x_i - E(x))(y_i - E(y)) \qquad (5.20)$$

$$\rho = \frac{\text{cov}(x,y)}{\sqrt{D(X)}\sqrt{D(y)}} \qquad (5.21)$$

此处，x 和 y 分别表示相邻图像的灰度值。

在实验中，分别从明文图像和密文图像中选择了 1000 对水平相邻的像素，然后计算每对相邻像素的灰度比值，结果如图 5.7 所示。在图 5.7（a）中，比值非常接近 1 表明明文图像中相邻像素的相关性非常高。在图 5.7（b）中，比值比较分散表明密文图像的相邻像素的相关性很低。

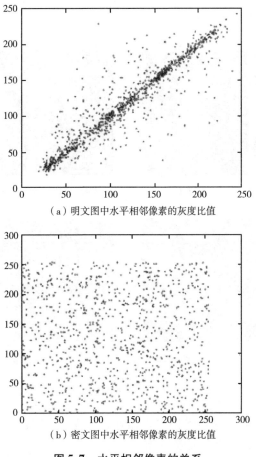

（a）明文图中水平相邻像素的灰度比值

（b）密文图中水平相邻像素的灰度比值

图 5.7　水平相邻像素的关系

5.2.6.5　密钥敏感性测试

由于本节的加密算法的密钥是由 x_0 和 K 两部分组成的，所以我们将从两个方面来进行密钥敏感性测试。

（1）保持 x_0 不变，改变密钥 K 的最后一位。修改后的密钥 $K' = "abcdefghijklmnoq"$；然后用密钥 K' 和 x_0 解密图 5.6（b），实验结果如图 5.8（c）所示。

（2）保持 K 不变，改变 x_0 的最后一位。修改后的密钥 $x'_0 = 0.436567349535649$；然后用密钥 K 和 x'_0 解密图 5.6（b），实验结果如图 5.8（d）所示。

（a）原始图像　　　　（b）用 μ，x_0 和 K 解密得到的图像

（c）用 μ，x_0 和 K' 解密得到的图像　　（d）用 μ，x'_0 和 K 解密得到的图像

图 5.8　密钥敏感性测试

实验结果表明，尽管密钥只有微小的差异也导致了解密的失败。因此，这个新的加密算法仍然保持了密钥敏感性。同时，我们在实验中也发

现，两个只有 2^{-15} 微小差异的初值 x_0 和 x_0'，按照第 5.2.2 节算法构造的双射映射也几乎完全不同。

5.3 基于混沌和查表的快速图像加密算法

本节介绍一种新的基于混沌和查表的快速图像算法[73]，该算法通过组合"排列 – 扩散"两阶段图像扫描过程以及避免通过浮点数转化成二进制形式构造混沌密钥流的方式来加速图像加密过程。该算法包含三个核心组件：密钥流生成、加密、解密。

5.3.1 密钥流生成

伪随机数序列在密码学中有着广泛的应用。科达（Kohda）和恒田（Tsuneda）在文献［24］（见第 3.4 节）中描述了三种通过混沌映射产生伪随机序列的方法，通过这三种方法产生的伪随机序列都具有很多与密码学相关的优良特性，这些属性在产生独立同分布的随机数序列方面具有重要意义。但是，这些方法无疑都需要将十进制数转化为相应的二进制表示形式，这个转化过程是十分耗时的，从而影响了算法的性能。在本节我们将采用如下的方法来获得随机变量序列。

在密钥流的产生过程中采用简单易实现的帐篷映射，其定义如下：

$$T_\alpha : x_j = \begin{cases} \dfrac{x_{j-1}}{\alpha}, & 0 \leqslant x_{j-1} \leqslant \alpha \\ \dfrac{1-x_{j-1}}{1-\alpha}, & \alpha \leqslant x_{j-1} \leqslant 1 \end{cases} \tag{5.22}$$

密钥流生成算法如下：

步骤 1：将区间 $[0，1]$ 划分为 256 个等长子区间 sub_i ($sub_i \in [i \cdot 2^{-8}，(i+1) \cdot 2^{-8}]，i = 0,1,2,\cdots,255$)，所有子区间形成一个如图 5.9 所示的 LT 表 (lookup table)

图 5.9   LT 表

步骤 2：先将初值 x_0，y_0 转化为二进制，然后抽取小数点后的前 16 比特，分别记为 c_1 和 c_2

步骤 3：取 c_1 和 c_2 异或结果的左 8 位记为 c_{3_L}，右 8 位记为 c_{3_R}

步骤 4：分别用两组不同的初值和控制参数迭代方程 (5.22) 一次，得到两个状态值 x_i 和 y_i

步骤 5：查找状态值 x_i 和 y_i 在 LT 表中子区间的位置索引，分别记为 j_1 和 j_2

步骤 6：按如下方式计算 j_{1_1}，j_{1_2}，j_{2_1} 和 j_{2_2}

$$j_{1\_1} \leftarrow j_1 \ div \ 16，\ j_{1\_2} \leftarrow j_1 \ mod \ 16，$$

$$j_{2\_1} \leftarrow j_2 \ div \ 16，\ j_{2\_2} \leftarrow j_2 \ mod \ 16$$

步骤 7：按如下公式生成 8 比特伪随机序列 $\varphi(i)$：

$$\varphi(i) \leftarrow Sbox[j_{1\_1}][j_{1\_2}] \oplus Sbox[j_{2\_1}][j_{2\_2}] \oplus c_{3\_L} \oplus c_{3\_R}$$

此处 Sbox 是在 AES 算法中使用的 S – box

步骤 8：对 $\varphi(i)$ 执行如下两步操作：

$$c_{3\_R} \leftarrow cycL(3，\varphi(i))$$

$$c_{3\_L} \leftarrow (c_{3\_L} + cycL(3，\varphi(i))) \ mod \ 256$$

此处 $cycL$ $(x，y)$ 表示将二进制伪随机序列 y 循环左移 x 位

重复步骤 4~8，生成任意长的伪随机序列 $(\varphi(1)，\varphi(2)，\cdots，\varphi(i)，\cdots，\varphi(n))$

　　密钥流生成框图如图 5.10 所示。

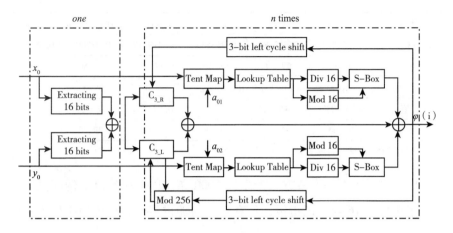

图 5.10   伪随机序列生成框图[73]

这样，就得到一个独立同分布的二进制随机序列，$(\varphi(1),\varphi(2),\cdots,$ $\varphi(i),\cdots,\varphi(n))$。

5.3.2   密钥流随机性测试

美国国家标准与技术研究院（National Institute of Standards and Technology，NIST）在 SP800 – 22[74] 中提供了统计测试包，包括了 16 种测试标准，用于测试一个任意长的二进制序列的随机性。

在本书的测试过程中，首先采用 5.3.1 节的方法生成了 1000 组，每组长度为 10^6 比特的二进制序列。在生成伪随机序列过程中，式（5.22）的初始值和控制参数分别为 $x_0 = 0.1345645961$，$y_0 = 0.9432234875$，$a_{01} = 0.4565625849$，$a_{02} = 0.2435724359$。测试结果如表 5.6 所示。

表 5.6   伪随机序列随机性测试

统计测试	Freq	BlkFreq	CuSumFwd	CuSumRev	Runs	LineComp
p 值	0.618385	0.056785	0.042255	0.794391	0.964295	0.492436
通过率（%）	99.30	98.60	99.20	99.30	98.70	99.00

统计测试	LongRuns	Rank	DFFT	Nonp-Temp*	Overl-Temp	Univ
p 值	0.837781	0.552383	0.955835	0.419417	0.987896	0.666245
通过率（%）	99.30	99.20	98.50	98.96	98.50	98.90
统计测试	Apen	Rand-Exc*	Rand-Exc-V*	Serial 1	Serial 2	
p 值	0.026057	0.459732	0.391315	0.035174	0.697257	
通过率（%）	99.00	99.00	98.79	99.00	99.20	

＊根据 NIST 标准，通过率 ≥ 98.056% 是可接受的。

以上结果表明，本节方法产生的 1000 条 10^6 个比特位的伪随机序列通过了全部的 16 项测试指标，具有良好的随机特性，适合用于作为密码学中加密序列。

5.3.3　加密过程

本节在加密过程中采用了如下修正后的标准映射：

$$
\begin{cases}
S_{k+1} = (S_k + t_k + r_s + r_t) \bmod N \\
t_{k+1} = \left(t_k + r_t + K_c \sin \dfrac{N \cdot S_{k+1}}{2\pi}\right) \bmod N
\end{cases}
\tag{5.23}
$$

加密过程如下：

加密算法：

步骤 1：随机选择两组密钥 x_0，a_{01} 和 y_0，a_{02} 分别作为方程（5.22）的初值和控制参数

步骤 2：先将 x_0，a_{01}，y_0 和 a_{02} 转化成二进制形式 $0.b_1 b_2 b_3 \cdots b_{51} b_{52}$，然后按下列 4 种方式分别生成 r_s，r_t，K_c 和 $C(0)$

$$r_s \leftarrow Bin2Int(b_1 b_2 \cdots b_{24})$$

$$r_t \leftarrow Bin2Int(b_1 b_2 \cdots b_{24})$$

$$K_c \leftarrow Bin2Int(b_1 b_2 \cdots b_{24})$$

$$C(0) \leftarrow Bin2Int(b_1 b_2 \cdots b_8)$$

此处，函数 $Bin2Int(\cdot)$ 将二进制转化为整数

步骤 3：根据公式（5.23）置乱明文图像的像素

步骤 4：按如下方式修改置乱后的图像的像素：

    （i）如果 $C(0)$ 为奇数，交换两个 Tent 映射的状态值

    （ii）按照 5.3.1 节方式生成一个伪随机数 $\varphi(i)$（8 比特）

    （iii）根据公式（5.24）计算当前像素的密文值：

$$C(i) = \varphi(i) \oplus \{P(i) + 2 \cdot \varphi(i) \bmod G\} \oplus C(i-1) \quad (5.24)$$

此处，$P(i)$ 和 $C(i)$ 分别是当前像素的明文值和密文值；G 是明文图像灰度值的取值范围，通常设为 256；$C(i-1)$ 是前一个像素的密文值；$C(0)$ 是按步骤 2 导出的秘密初始值。公式（5.24）的可逆形式如下：

$$P(i) = \{\varphi(i) \oplus C(i) \oplus C(i-1) + G - 2 \cdot \varphi(i)\} \bmod G \quad (5.25)$$

    （iv）如果 $C(i)$ 为奇数则交换两个帐篷映射的状态值

    （v）重复（ii）～（iv），直到所有明文像素被处理完

步骤 5：根据安全性的需要，重复步骤 3 和步骤 4 至少 2 轮

5.3.4　解密过程

解密是加密过程的逆，其过程如下：

解密算法：

步骤 1：用密钥 x_0，a_{01}，y_0 和 a_{02}，按照加密过程中步骤 2 的方法生成初始参数 r_s，r_t，K_c 和 $C(0)$

步骤 2：按照加密过程中步骤 3 的方法对密文图像进行逆向排列得到中间图像

步骤 3：按照加密过程中步骤 4 的方法用公式（5.25）对中间图像进行解密

步骤 4：重复步骤 2 和 3 与加密过程一样多的轮次

5.3.5 性能分析

由于加密算法的大多数性能分析方法与前两节类似，重复部分不再赘述。在本算法中我们重点关注抗差分攻击、信息熵和加密速度。

5.3.5.1 抗差分攻击

为了抗差分攻击，明文图像中的任何细微的变化都应该引起密文图像的巨大差异。通常用两个指标——像素变化率（NPCR）和一致平均变化强度（UACI），来衡量算法的抗差分攻击能力，分别定义如下：

$$NPCR = \frac{\sum_{r,c} D(r,c)}{W \times H} \times 100\% \qquad (5.26)$$

$$UACI = \frac{1}{W \times H} \Big[\sum_{r,c} \frac{| C_1(r,c) - C_2(r,c) |}{255} \Big] \times 100\% \qquad (5.27)$$

$C_1(r,c)$ 和 $C_2(r,c)$ 分别表示图像 C_1 和 C_2 在像素位置 (r,c) 处的灰度值。

$$D(r,c) = \begin{cases} 0, C_1(r,c) = C_2(r,c) \\ 1, C_1(r,c) \neq C_2(r,c) \end{cases} \qquad (5.28)$$

实验过程中取 5.3.2 节相同的初始值与控制参数 $x_0 = 0.1345645961$，$y_0 = 0.9432234875$，$a_{01} = 0.4565625849$，$a_{02} = 0.2435724359$，测试用图是两个 512×512 的 8 位灰度图 Babala 和 lena。实验结果如表 5.7 所示。

表 5.7 不同加密轮次和修改位置处的 NPCR 和 UACI 值

图像	轮次=1（像素值改变位置）						轮次=2（像素值改变位置）					
	(0, 0)		(123, 420)		(511, 511)		(0, 0)		(123, 420)		(511, 511)	
	NPCR	UACI	NPCR	UACI	NPCR	UACI	NPCR	UACI	NPCR	UACI	NPCR	UACI
Babala	99.5956	33.4884	75.5020	25.3893	00.0004	00.0000	99.6002	33.4583	99.6048	33.4934	99.6132	33.5483
Lena	99.6193	33.3755	75.5306	25.3519	00.0004	00.0000	99.6132	33.5019	99.6101	33.4469	99.6132	33.4012

实验结果表明，通过本书提出的加密算法仅仅需要两轮就取得了 $NPCR > 0.995$ 和 $UACI > 0.333$ 的良好抗差分密码攻击能力。

5.3.5.2 信息熵分析

信息熵是衡量随机性的一个良好的显著特征。其计算公式如下：

$$H(s) = - \sum_{i=0}^{M-1} p(s_i) \log_2 p(s_i) \qquad (5.29)$$

$p(s_i)$ 是符号 s_i 在 S 中出现的概率。对一个包含 256 个符号的真随机信号源，理想的信息熵是 $H(s) = 8$。本节实验计算了原始明文图像、加密后的图像以及分别将明文图像中（0，0）、（123，420）、（511，511）像素的值加 1 后加密得到的密文图像的信息熵。实验结果如表 5.8 所示，加密图像后的信息熵非常接近于理想值 8。实验结果表明，加密算法在抗击熵攻击方面是安全的。

表 5.8　原图、加密图以及一位像素值发生改变后加密图的信息熵

图像	明文图	Cipher-images（plain pixel changed in pixel）			
		（no change）	（0，0）	（123，420）	（511，511）
Babala	7.6321	7.9992	7.9992	7.9993	7.9993
Leno	7.4295	7.9994	7.9992	7.9993	7.9993

5.3.5.3 加密速度分析

基于混沌映射的加密算法，其加密速度主要由加/解密结构、加密轮数和伪随机序列的生成方式三方面因素决定。对于本节描述的加密算法，由于组合了排列与混淆过程，每一加密轮次只需要扫描图像一次；而且，正如表 5.7 所示，本算法仅需要两轮加密即可取得了良好的安全性能 NPCR > 0.996 和 UACI > 0.333。本算法通过比较和查表方式产生伪随机序列，避免了科达（Kohda）等人提出的通过十进制转化为二进制方式生成伪随机序列（实验表明这种转化十分耗时），从而极大地提高了算法的加密性能。

5.4 对一种基于 3D Cat 映射的加密算法的分析与改进

文献［75］提出的基于 3D Cat 映射的对称图像加密算法，使用 3D Cat 映射来置乱图像像素的位置，使用 Logistic 映射来置混密文图像和明文图像的关系。理论分析和仿真实验表明该算法对诸如统计分析攻击、差分攻击有很好的抗攻击能力。但是，文献［76］的分析表明，文献［75］的加密算法对选择明文攻击的抗攻击能力较差，详细分析见文献［76］。本书在分析了文献［75］和文献［76］的基础上，提出了一种改进的基于 3D Cat 映射的对称图像加密算法。

5.4.1 基于 3D Cat 映射的对称图像加密方案

在文献［75］中，陈关荣等（Chen，Mao & Chui）提出了基于 3D Cat 映射的对称图像加密方案。该方案的核心思想是使用 3D Cat 映射来置乱被加密图像的像素位置，然后使用另一个混沌映射产生的混沌序列，通过"异或"操作来修改图像的像素值。其加密/解密过程如下：

（1）把 $W \times H$ 的二维图像折叠成一系列立方体图像 $T_1 \times T_1 \times T_1$，$T_2 \times T_2 \times T_2$，$\cdots$，$T_i \times T_i \times T_i$，并且满足如下条件：$W \times H = \sum_{j=1}^{i} T_j^3 + R$；其中 $T_j \in \{2,3,\cdots,N\}$ 是每个立方体的边长，N 是最大边长，$R \in \{0,1,\cdots,7\}$ 是折叠后的余数。

（2）对每一个立方体图像执行如下 3D Cat 映射变换，产生新的被置乱立方体：

$$\begin{bmatrix} x'_n \\ y'_n \\ z'_n \end{bmatrix} = A \begin{bmatrix} x_n \\ y_n \\ z_n \end{bmatrix} \bmod N \qquad (5.30)$$

其中

$$A = \begin{bmatrix} 1 + a_x a_z b_y & a_z & a_y + a_x a_z + a_x a_y a_z b_y \\ b_z + a_x b_y + a_x a_z b_y b_z & a_z b_z + 1 & a_y a_z + a_x a_y a_z b_y b_z + a_x a_z b_z + a_x a_y b_y + a_x \\ a_x b_x b_y + b_y & b_x & a_x a_y b_x b_y + a_x b_x + a_y b_y + 1 \end{bmatrix}$$

矩阵 A 中的 a_x，a_y，a_z，b_x，b_y，b_z 是由陈混沌系统产生的 3D Cat 映射控制参数，(x_n, y_n, z_n) 和 (x_n', y_n', z_n') 分别是像素在立方体中的置乱前的位置和置乱后的位置，N 是该立方体的边长。

（3）对新的置乱的立方体按下述方式进行加密：

$$C(k) = \phi(k) \oplus \{[I(k) + \phi(k)] \bmod N\} \oplus C(k-1) \quad (5.31)$$

$$\phi(k) = \lfloor N(x(k) - x_{\min})/(x_{\max} - x_{\min}) \bmod N \rfloor \quad (5.32)$$

其中，$x(k)$ 由 Logistic 映射：

$$x(k+1) = 4x(k)[1 - x(k)] \quad (5.33)$$

产生，$(x_{\min}, x_{\max})$ 的典型取值区间是（0.2，0.8），N 是图像的颜色深度（对于 256 级的灰度图像，$N = 256$），$I(k)$ 是当前操作的像素值，$C(k-1)$ 是前一位明文像素产生的密文像素，初始值 $I(0) = C(0) = S$，S 是任意的 0 到 255 的正整数，$C(k)$ 是当前明文像素产生的密文像素。式（5.31）的逆变换如下：

$$I(k) = \{\phi(k) \oplus C(k) \oplus C(k-1) + N - \phi(k)\} \bmod N \quad (5.34)$$

（4）置乱与置混后的三维立方体按式（5.30）折叠的顺序还原成二维形式。在该方案中，采用 128bit 的二进制序列作为加密密钥。首先把 128bit 的二进制序列分成 8 个组，k_{a_x}，k_{a_y}，k_{a_z}，k_{b_x}，k_{b_y}，k_{b_z}，k_l，k_s，每组 16 位。然后用 k_{a_x}，k_{a_y}，k_{a_z}，k_{b_x}，k_{b_y}，k_{b_z} 来产生陈混沌系统的六个控制参数，用 k_l，k_s 来产生 Logistic 映射的初始值 L_i 和式（5.31）模运算的初始值 S，并作为 $I(0)$。陈混沌系统如下：

$$\begin{cases} \dot{x} = a(y - x) \\ \dot{y} = (c - a)x - xz + cy \\ \dot{z} = xy - bz \end{cases} \qquad (5.35)$$

其中，$a = 35$，$b = 3$，$c_{a_x} = K_{a_x} \times 8.4 + 20$，$K_{a_x} = \sum\limits_{i=0}^{15} k_{a_x}(i) \times 2^{-i}$，$k_{a_x}(i)$ 表示二进制序列 k_{a_x} 的第 i 位。陈混沌系统的初始值 (x_0, y_0, z_0) 也由 k_{a_x}，k_{b_x} 导出，即：

$$x_{0h} = K_{b_x} \times 80 - 40, \quad y_{0h} = K_{a_x} \times 80 - 40, \quad z_{0h} = K_{b_x} \times 60,$$

$$K_{b_x} = \sum\limits_{i=0}^{15} k_{b_x}(i) \times 2^{-i}$$

陈混沌系统分别迭代 100 次和 200 次后，得到 z_{100} 和 z_{200}，则 3D Cat 映射中矩阵 A 的控制参数 a_x，a_y 的值分别为：$a_x = \text{round}(z_{100}/60 \times N)$，$b_x = \text{round}(z_{200}/60 \times N)$，$N$ 是该立方体的边长。类似的方法可以用来产生其他的控制参数 a_y，b_y，a_z，b_z，L_i，S。不过，$L_i = z_{100}/60$，$S = \text{round}(z_{200}/60 \times 255)$。

5.4.2 基于 3D Cat 映射的对称图像加密方案的安全性问题

文献［75］提出的方案在抵抗诸如统计攻击、差分攻击等方面的密码分析有较好的抗攻击性。但文献［76］认为文献［75］中的方案主要存在两个问题。

5.4.2.1 对于置混过程

由于混沌系统的离散化及其计算机的有限精度，使得文献［75］中使用的混沌系统已经失去了连续混沌系统的某些良好的特性（如，长周期性）。因此，借助格雷（Gray）编码思想和符号动力学，通过逐渐逼近的方法，经过不太大的运算量就能得到该混沌系统的初始值，详细过程见文献［76］。但是，该文并没有给出一个更好的算法来解决这个问题。

5.4.2.2　对于置乱过程

文献［75］采用 3D Cat 映射，并按式（5.30）来置乱像素位置。根据文献［76］的分析，只需构造一个与 A 模等的矩阵 A'，即使得 A' 满足：$A' \equiv A(\bmod N)$，$|\det(A')| = 1$。则有：

$$
\begin{bmatrix} x'_n \\ y'_n \\ z'_n \end{bmatrix} = A \begin{bmatrix} x_n \\ y_n \\ z_n \end{bmatrix} \bmod N = A' \begin{bmatrix} x_n \\ y_n \\ z_n \end{bmatrix} \bmod N \tag{5.36}
$$

$$
\begin{bmatrix} x_n \\ y_n \\ z_n \end{bmatrix} = (A')^{-1} \begin{bmatrix} x'_n \\ y'_n \\ z'_n \end{bmatrix} \bmod N \tag{5.37}
$$

因此，根据式（5.37），明文图像很容易从被置乱图像中恢复过来。矩阵 A' 的构造过程见文献［76］。

5.4.3　改进的基于 3D Cat 映射的对称图像加密方案

从上面的分析知道，文献［75］的加密方法在抗选择明文攻击方面，无论是其置乱过程还是置混过程，都是比较脆弱的。因此，本书将通过改进文献［75］中混沌序列产生的方法，对其置混过程进行改进，增强其抗选择明文攻击性能。

5.4.3.1　复合离散混沌系统的定义

定义：设两个离散混沌系统 $f(\cdot), g(\cdot): x_{n+1} = f(x_n, p_f), y_{n+1} = g(y_n, p_g)$，则定义一个新的离散混沌系统 $\Phi(\cdot)$ 如下：

$$
x_{n+1} = \Phi^{(M)}(x_n) = f^{(M)}(x_n, p_f) \tag{5.38}
$$

其中，

$$M = \lfloor Q(y_{n+1} - x_{min})/(x_{max} - x_{min}) \bmod Q \rfloor + \Delta \qquad (5.39)$$

Q 是大于 0 的自然数，(x_{min}, x_{max}) 的典型取值区间是 $(0.2, 0.8)$。y_{n+1} 是由 $g(\cdot)$ 产生的混沌序列，其值通常也要求在 $(0.2, 0.8)$ 之间；Δ 是 $f(\cdot)$ 的迭代次数修正量，其取值情况如下：如果 $f^{(\lfloor Q(y_{n+1}-x_{min})/(x_{max}-x_{min}) \bmod Q \rfloor)}(x_n) \in (x_{min}, x_{max})$，则 $\Delta = 0$；否则，继续迭代 $f^{(\lfloor Q(y_{n+1}-x_{min})/(x_{max}-x_{min}) \bmod Q \rfloor)}(x_n)$，直到其值位于区间 (x_{min}, x_{max}) 内，则 Δ 就等于继续迭代的次数。

5.4.3.2　图像的置乱过程

由于文献 ［75］ 中的 3D Cat 映射有很好的抗统计攻击、抗差分攻击效果，因此，本书仍然使用文献 ［75］ 中的 3D Cat 映射来置乱图像像素的位置。算法的具体过程见文献 ［75］ 和本章 5.4.1 节。

5.4.3.3　图像的置混过程

改进过程中选择 Logistic 映射作为 $\Phi(\cdot)$ 中的 $f(\cdot)$，帐篷映射作为 $\Phi(\cdot)$ 中的 $g(\cdot)$，构成改进的离散混沌系统 $\Phi(\cdot)$。Logistic 映射和帐篷映射分别定义如下：

Logistic 映射：

$$x_{k+1} = 4x_k(1 - x_k) \qquad (5.40)$$

帐篷映射：

$$y_{k+1} = \left(1 - 2\left|y_k - \frac{1}{2}\right|\right) \qquad (5.41)$$

则图像的置混过程如下：

（1）选定两个初始参数 i_l，i_t，分别作为 Logistic 映射和帐篷映射的初始值。

（2）利用式（5.41）和 i_t 产生混沌序列 y_1，y_2，$\cdots$，y_n。

（3）利用式（5.38）和式（5.39）得到 $\Phi(\cdot)$ 的混沌序列 x_1，

x_2, $\cdots$, x_k, $\cdots$, x_n。

（4）利用式（5.32）将该序列离散化得到密钥流 $\phi(1),\phi(2),\cdots,$ $\phi(k),\cdots,\phi(n)$。

（5）首先对式（5.31）做一个修正得到

$$C(k) = \{\phi(k) \oplus \{[I(k) + \phi(k)]\bmod N\} \oplus C(k-1)\}\bmod 256$$

$$(5.42)$$

然后利用式（5.42）对图像的明文像素流进行加密，得到图像的密文像素流：$C(1),C(2),\cdots,C(k),\cdots,C(n)$。注意，在计算过程中设定 $C(0)$ 为任意的 $0\sim255$ 的一个正整数。Logistic 映射序列和复合映射序列如图 5.11 所示。

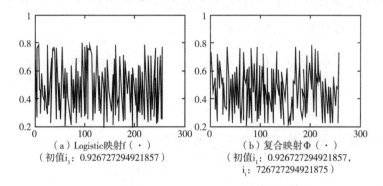

（a）Logistic映射f（·）
（初值i_1：0.926727294921857）

（b）复合映射Φ（·）
（初值i_1：0.926727294921857，
i_t：726727294921875）

图 5.11　Logistic 映射与复合映射

5.4.3.4　图像的加密和解密过程

本书的加密算法框图如图 5.12 所示。

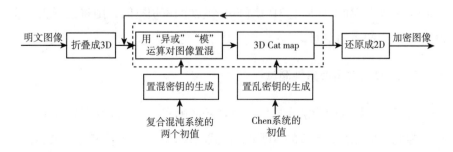

图 5.12　图像加密框图

加密步骤如下：

（1）将明文图像折叠成一系列 3D 图像，方法见第 5.4.1 节。

（2）选定复合混沌系统的两个初始值 (i_l, i_t)，对立方体图像进行置混。

（3）按第 5.4.1 节的方法对置混后的图像进行置乱。

（4）把经过置混与置乱后的立方体图像还原成 2D 加密图像。

出于安全性的需要，可以重复（2）和（3）两步多次。由于本书的重点在于改进文献［75］中算法的抗选择明文攻击能力，所以下面的实验中，我们没有直接采用陈系统计算所需要的 3D Cat 映射矩阵 A，而使用了文献［76］中的与 A 模等的矩阵 $A^{(2)}$，见 5.4.4.2 小节的式（5.44）。其解密过程与加密过程类似，只是还原置乱过程采用矩阵 $(A^{(2)})^{-1}$。对于还原置混过程，采用如下的修正公式（5.44）。

$$I(k) = \{\{\phi(k) \oplus C(k) \oplus C(k-1) + N - \phi(k)\} \bmod N\} \bmod 256$$

$$(5.43)$$

5.4.4　改进后算法的安全性分析

5.4.4.1　密钥空间分析

与文献［75］的加密方案比较，本书只是改变了文献［75］的混沌密钥流的产生方法，并且需要两个初始条件来决定混沌密钥流的产生。假设计算机的计算精度为 16 位，那么仅在混沌密钥流的产生过程中的密钥空间就为 10^{32}，如果再加上 3D Cat 映射变换的密钥空间，则将远远大于文献［75］中的密钥空间 2^{128}。

5.4.4.2　密钥敏感性测试

对于一个好的图像加密方案，其加密和解密过程都应该对密钥非常敏感。为此，采用 5.3.5 节的 NPCR，即式（5.26），来衡量密钥的敏感性。在本书的加密方案中，图像的置乱与置混是两个分离的过程。所以，在下面的密钥敏感性测试实验中，没有采用陈混沌系统来计算文献［75］中的 A，L_i，S，而直接使用了文献［76］中的矩阵 $A^{(2)}$［其 $\det(A^{(2)}) = 1$］，如式（5.44）所示。

$$A^{(2)} = \begin{bmatrix} 2080 & 11 & 21097 \\ 14749 & 78 & 149596 \\ 3787 & 20 & 38411 \end{bmatrix} \qquad (5.44)$$

对于 S，实验中直接取 93。实验以一个 256×256 的灰度图像作为明文图像，实验结果（见表5.9、图5.13）表明，当密钥仅仅只有 2^{-16} 的微小变化时，加密后图像的像素灰度变化率都大于99%，而解密几乎失败。因此，本书的改进算法保留了文献［75］的密钥敏感性。

表5.9　　　　　　　不同初始条件加密后，加密图像的像素灰度变化率

两个初始条件	it = 0.726727294921875 il = 0.926727294921857	it = 0.726727294921875 il = 0.926727294921858	it = 0.726727294921876 il = 0.926727294921857	it = 0.726727294921876 il = 0.926727294921858
灰度值变化的像素	—	260105	262105	260122
百分比（%）	—	99.222	99.985	99.229

（a）加密图　　　　　　（b）加密图　　　　　（c）（a）和（b）
it=0.726727294921875　it=0.726727294921875　　　差异图
i1=0.926727294921857　i1=0.926727294921858

（d）加密图　　　　（e）（a）和（d）　　　（f）加密图　　　　（g）（a）和（f）
it=0.726727294921876　　差异图　　　　it=0.726727294921876　　差异图
i1=0.926727294921857　　　　　　　　i1=0.926727294921858

图5.13　加密密钥敏感性测试

5.4.4.3 抗选择明文图像攻击

对于文献 [75] 提出的方案，在进行选择明文图像密码分析的过程中，可以根据观察到的 $C(k)$、$C(k-1)$ 和 $I(k)$，估算出 $\phi(k)$ 的取值区间，然后借助符号动力学和混沌迭代函数的逆映射，在计算机的有限精度下，可以得到混沌动力系统的初始值，即加密密钥，其详细过程见文献 [76]。从式（5.34）可以知道，文献 [75] 在密钥流产生过程中泄露了如下两个重要信息：每一位密钥产生的混沌动力系统以及每一位密钥产生所经历的迭代次数。本书针对这一缺陷，对文献 [75] 的密钥流产生方法进行了改进，混沌序列依赖于两个混沌动力系统——$f(\cdot)$ 和 $g(\cdot)$，并且在产生混沌序列时，$f(\cdot)$ 所经历的迭代次数也是未知的，所以在进行文献 [76] 中的选择明文图像密码分析时，将很难用符号动力学和混沌迭代函数的逆映射来分析加密密钥。下面将仅仅从计算的复杂性来分析：

在文献 [76] 中，根据估计得到的 $\varphi(K) = [x'_{\min}, x'_{\max}]$（$K$ 表示图像的第 K 个像素）计算混沌系统的初值 x_0 的上下边界时，执行的逆映射次数约为：

$$n_1 = 4 \cdot \left(\frac{k \cdot (k-1)}{2} \right) = 2k \cdot (k-1) \tag{5.45}$$

在本书的算法中，如果取式（5.39）的 $Q = 128$，则从 $\varphi(K)$ 计算混沌系统的初值 x_0 的上下边界时，执行的逆映射次数约为：

$$n_2 = 4 \cdot 2^{6(k-1)} \tag{5.46}$$

在文献 [76] 中，当 $K = 42$ 时，得到了混沌系统的初值 x_0 所经历的逆映射次数 $n_1 = 3444$，如果按本书的算法加密，则得到混沌系统的初值 x_0 所经历的逆映射次数 $n_2 = 2^{248}$，并且这种逆映射次数将随着 K 的增大以指数形式增长，使得计算上不可能实现。

5.4.4.4 统计分析

一个好的图像加密算法应该具有好的抗统计分析攻击能力。下面的实验证明，本书在改善了文献［75］中算法的抗选择明文攻击能力的同时，仍然保持了文献［75］的抗统计分析攻击能力。

图像的本质特征决定了相邻像素间存在较大的相关性，基于统计分析的攻击方法正是利用了图像的这一固有性质来进行密码分析。所以，一个好的图像加密算法应该破坏像素间的这种相关性，从而增强算法的抗统计分析能力。本节采用 5.2.6 节类似的方法来评价相邻像素的相关性。

分别从明文图像和加密图像中随机选取 1000 个水平相邻像素对的灰度值进行比较，结果见图 5.14。在图 5.14（a）中，大多数水平相邻像素的灰度值之比接近于 1，表明相邻像素的相关性比较高。而在图 5.14（b）中，大多数水平相邻像素的灰度值之比比较分散，表明图像经加密后相邻像素的相关性较低。

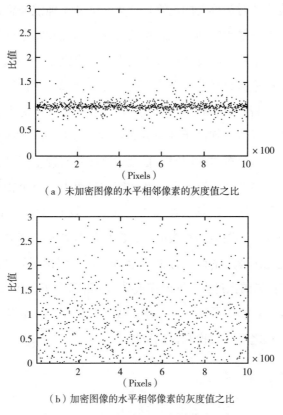

（a）未加密图像的水平相邻像素的灰度值之比

（b）加密图像的水平相邻像素的灰度值之比

图 5.14　图像的水平相邻像素的相关性

5.5 本章小结

首先，本章介绍了一种基于分段线性混沌映射和群论的分组密码算法。该算法中的密文依赖于明文、噪声向量、置换运算和代数群上的运算。它弥补了一些纯混沌密码算法的缺陷。大的密钥空间、三种群运算的扩散与混淆和排列置换运算保证了新的密码系统对统计攻击及其选择明文攻击等常用密码分析方法都有很好的抗攻击能力。接着，本章介绍了一种新的基于混沌映射和代数群上运算的密码系统。在这个新的密码系统中，每个 128 比特的明文块产生一个同样长度的密文块，同时密文也依赖于明文、密钥、混沌映射和群上的运算。该算法弥补了纯混沌密码系统的一些缺陷。另外，大的密钥空间、比特位的替换与移位和基于密钥的子块排列变换都大大增强了算法的各种抗攻击能力。它提供了一种结合混沌映射和代数群运算来构造密码系统的新思路。然后，本章介绍了一种对基于 3D Cat 映射的图像对称加密算法的改进方案，理论分析和仿真实验表明，通过改进原算法中混沌序列的生成方式，在保持了原来算法的密钥敏感性、抗统计攻击、抗差分攻击的同时，扩大了算法的密钥空间且提高了算法的抗选择明文攻击能力。不过，由于在加密的过程中，每个密钥的生成要经过多次迭代，所以该改进算法在加密的速度上较原方法有所降低。最后，本章介绍了一种基于混沌和查表的快速图像加密算法，该算法采用以下两种方法改进混沌图像加密算法的加/解密速度，并保持了算法的安全性。其一，是在一次扫描图像过程中同时完成排列与混淆操作。其二，是通过查询 S - Box、异或、取模和循环移位操作生成伪随机序列，避免了常用的浮点数与二进制表示之间的转换和位抽取操作。

小波变换的理论基础

长期以来，傅里叶分析（Fourier analysis）一直被认为是最完美的数学理论和最实用的方法之一。但是用傅里叶分析只能获得信号的整个频谱，而难以获得信号的局部特性，特别是对于突变信号和非平稳信号难以获得希望的结果。

为了克服经典傅里叶分析本身的弱点，人们发展了信号的时频分析法，1946 年盖博（Gabor）提出的加窗傅里叶变换就是其中的一种，但是加窗傅里叶变换还没有从根本上解决傅里叶分析的固有问题。小波变换的诞生，正是为了克服经典傅里叶分析本身的不足。

小波变换理论是不同领域的科学家共同努力和探索的结果，如今已经具有坚实的数学理论基础和广泛的应用背景，目前正在日新月异地蓬勃发展。在数学界，小波分析被看作是傅里叶分析发展史上的里程碑。小波分析优于傅里叶变换的地方是，它在时域和频域同时具有良好的局部化特性，通过改变取样步长，可以聚焦到对象的任何细节，使人们既可以看到"森林"，又可以看到"树木"，被称为"数学显微镜"，并且它的基函数并不是固定不变的，可以根据实际问题的需要进行设计。

6.1 连续小波变换及其逆变换

小波变换的过程就是将任意 $L^2(R)$ 空间中的函数 $f(t)$ 在小波基函数

上展开的过程，这种展开被称为函数 $f(t)$ 的连续小波变换（CWT），其表达式为

$$WT_f(a,\tau) = \langle f(t), \psi_{a,\tau}(t) \rangle = a^{-1/2} \int_R f(t) \overline{\psi\left(\frac{t-\tau}{a}\right)} \mathrm{d}t \qquad (6.1)$$

小波变换与傅里叶变换的相同之处在于：

（1）它们都是一种积分变换。

（2）它们都称 $WT_f(a,\tau)$ 为小波变换系数。

小波变换与傅里叶变换的不同之处在于：

（1）小波基具有尺度和平移两个参数。

（2）在小波变换下，一个时间函数将投影到二维的时间—尺度相平面上。

连续小波变换得到的是任意函数在某一尺度 a、平移点 τ 上的小波变换系数，实质上表征的是在 τ 位置处，时间段 $a\Delta t$ 上包含在中心频率为 $\frac{\omega_0}{a}$、带宽为 $\frac{\Delta\omega}{a}$ 频窗内的频率分量大小。随着尺度 a 的变化，对应窗口中心频率 $\frac{\omega_0}{a}$、窗口宽度 $\frac{\Delta\omega}{a}$ 也发生变化。

在将函数投影到小波变换域后，有利于提取函数的某些本质特征。从时频分析角度来看，若令

$$a^{-\frac{1}{2}}\psi\left(\frac{t-\tau}{a}\right) = \psi_{a,\tau}(t) = g(t-\tau)e^{j\omega t} \qquad (6.2)$$

则连续小波变换可视作短时傅里叶变换（STFT）。

对小波变换而言，必须能根据小波变换系数精确恢复原信号。连续小波变换的逆变换公式如下：

$$x(t) = \frac{1}{C_\psi}\int_0^{+\infty}\frac{\mathrm{d}a}{a^2}\int_{-\infty}^{+\infty}WT_x(a,\tau)\psi_{a,\tau}(t)\mathrm{d}\tau$$

$$= \frac{1}{C_\psi}\int_0^{+\infty}\frac{\mathrm{d}a}{a^2}\int_{-\infty}^{+\infty}WT_x(a,\tau)a^{-\frac{1}{2}}\psi\left(\frac{t-\tau}{a}\right)\mathrm{d}\tau \qquad (6.3)$$

其中 $C_\psi = \int_0^\infty \dfrac{|\Psi(a\omega)|^2}{a}\mathrm{d}a < \infty$，是对 $\psi(t)$ 提出的容许条件。

6.2 连续小波变换的一些性质

连续小波变换是一种线性变换，它具有以下几方面的性质。

6.2.1 线下相加性

设 $x_1(t)$ 和 $y_1(t)$ 是 $L^2(R)$ 空间上的连续时间信号，即 $x_1(t) \in L^2(R)$，$y_1(t) \in L^2(R)$，k_1 和 k_2 为任意常数，且 $x_1(t)$ 的连续小波变换系数为 $WT_x(a,\tau)$，且 $y_1(t)$ 的连续小波变换系数为 $WT_y(a,\tau)$，则 $z(t) = k_1 x_1(t) + k_2 y_1(t)$ 的连续小波变换系数为

$$WT_z(a,\tau) = k_1 WT_x(a,\tau) + k_2 WT_y(a,\tau) \tag{6.4}$$

6.2.2 时移不变性

设 $x(t)$ 的连续小波变换系数为 $WT_x(a,\tau)$，则 $x(t-t_0)$ 的连续小波变换系数为 $WT_x(a,\tau-t_0)$，即延时 t_0 后的信号 $x(t-t_0)$ 的小波系数可将原信号 $x(t)$ 的小波系数在 τ 轴上进行同样时移得到。

6.2.3 尺度转换（伸缩共变性）

设 $x(t)$ 的连续小波变换系数为 $WT_x(a,\tau)$，则 $x\left(\dfrac{t}{\lambda}\right)$ 的连续小波变换系数为

$$\sqrt{\lambda}\, WT_x\left(\frac{a}{\lambda}, \frac{\tau}{\lambda}\right), \quad \lambda > 0 \tag{6.5}$$

即，当信号在时域作某一倍数的伸缩时，其小波变换在 a, τ 轴上也作同一倍数的伸缩，形状不变。

6.2.4　内积定理

设 $x_1(t), x_2(t) \in L^2(R)$ 空间，它们的连续小波变换系数分别为：

$$WT_{x_1}(a, \tau) = \langle x_1(t), \psi_{a,\tau}(t) \rangle$$
$$WT_{x_2}(a, \tau) = \langle x_2(t), \psi_{a,\tau}(t) \rangle$$

则有莫亚尔（Moyal）定理：

$$\langle WT_{x_1}(a, \tau), WT_{x_2}(a, \tau) \rangle = C_\psi \langle x_1(t), x_2(t) \rangle \tag{6.6}$$

其中，$C_\psi = \displaystyle\int_0^\infty \frac{|\Psi(\omega)|^2}{\omega} \mathrm{d}\omega$。

6.3　离散小波变换

S. 马拉特（S. Mallat）将多分辨率分析思想引入小波变换中，提出了马拉特算法，其地位相当于傅里叶变换中的快速傅里叶变换（FFT）。小波变换的函数分解和重建就是通过多分辨率分析的方法来实现的。

减小小波变换系数冗余度的做法是将小波基函数 $\psi_{a,\tau}(t) = \dfrac{1}{\sqrt{a}}\psi\left(\dfrac{t-\tau}{a}\right)$ 的 a 和 τ 限定在一些离散点上取值。

（1）尺度离散化：一种最通常的离散方法就是将尺度按幂级数进行离散化，即取 $a_m = a_0^m$（m 为整数，$a_0 \neq 1$，一般取 $a_0 = 2$）。

　（2）位移的离散化：当 $a = 2^0 = 1$ 时，$\psi_{a,\tau}(t) = \psi(t - \tau)$。通常对 τ

进行均匀离散取值，以覆盖整个时间轴。同时，要求采样间隔 τ 满足 Nyquist 采样定理，即采样频率大于该尺度下频率通带的 2 倍。

（3）$\psi_{a,\tau}(t)$。当 m 增加 1 时，尺度增加一倍，对应的频带减小一半，可见采样频率可以降低一半，即采样间隔可以增大一倍。因此，如果尺度 $m=0$ 时 τ 的间隔为 T_s，则在尺度为 2^m 时，间隔可取 $2^m T_s$。此时 $\psi_{a,\tau}(t)$ 可表示为

$$\frac{1}{\sqrt{2^m}}\psi\left(\frac{t-2^m n \cdot T_s}{2^m}\right) = \frac{1}{\sqrt{2^m}}\psi\left(\frac{t}{2^m}-n \cdot T_s\right)\xrightarrow{\text{记作}}\psi_{m,n}(t); \quad m,n \in Z$$

(6.7)

为简化起见，往往把 t 轴用 T_s 归一化，这样式（6.7）就变为

$$\psi_{m,n}(t) = 2^{-\frac{m}{2}}\psi(2^{-m}t - n) \tag{6.8}$$

（4）任意函数 $f(t)$ 的离散小波变换为

$$WT_f(m,n) = \int_R f(t) \cdot \overline{\psi_{m,n}(t)}\,\mathrm{d}t \tag{6.9}$$

离散小波变换（DWT）与 CWT 不同，在尺度—位移相平面上，它对应一些离散的点，因此称之为离散小波变换。将小波变换的连续相平面离散化，显然引出两个问题：

问题 1：离散小波变换 $WT_f(m,n) = <f(t), \psi_{m,n}(t)>$ 是否完全表征函数 $f(t)$ 的全部信息，或者说，能否从函数的离散小波变换系数重建原函数 $f(t)$？

问题 2：是否任意函数 $f(t)$ 都可以表示为以 $\psi_{m,n}(t)$ 为基本单元的加权和 $f(t) = \sum_{m,n \in Z} C_{m,n}\psi_{m,n}(t)$？如果可以，系数 $C_{m,n}$ 如何求？

假设问题 1 能够得到满足，通过选择合理的 ψ，a_0，T_s，则一定存在与小波序列 $\psi_{m,n}$ 对应的 $\tilde{\psi}_{m,n}$ 序列，使得问题 1 的重建简单地表示为

$$f(t) = \sum_{m,n \in Z} <f,\psi_{m,n}> \tilde{\psi}_{m,n} \tag{6.10}$$

$\tilde{\psi}_{m,n}$ 被称为 $\psi_{m,n}$ 的对偶，它可以由一个基本小波 $\tilde{\psi}(t)$ 通过位移和伸缩取得：

$$\tilde{\psi}_{m,n}(t) = 2^{-\frac{m}{2}}\tilde{\psi}(2^{-m}t - n)$$

我们首先来看问题 1，该问题的数学语言描述如下：

若小波系数 $<f, \psi_{m,n}>$ 表征 $f(t)$ 的全部信息，则应有：

当 $f_1 = f_2$ 时，$<f_1, \psi_{m,n}> = <f_2, \psi_{m,n}>$；　$m, n \in Z$

或

当 $f = 0$ 时，$<f, \psi_{m,n}> = 0$；　$m, n \in Z$

当 f_1 和 f_2 很接近时，$<f_1, \psi_{m,n}>_{m,n\in Z}$ 和 $<f_2, \psi_{m,n}>_{m,n\in Z}$ 也必然很接近。用范数的概念来描述，即当 $\|f_1 - f_2\|$ 为一个很小的数时，$\sum_{m,n}| <f_1,\psi_{m,n}> - <f_2,\psi_{m,n}> |^2$ 也必然为一个很小的数，用数学公式来描述：

$$\sum_{m,n}| <f_1,\psi_{m,n}> - <f_2,\psi_{m,n}> |^2 \leq B \|f_1 - f_2\|^2, \quad B \in R^+$$

也即：

$$\sum_{m,n}| <f,\psi_{m,n}> |^2 \leq B \|f\|^2 \tag{6.10a}$$

若要小波系数 $<f, \psi_{m,n}>$ 稳定地重建 f，则必须有：当序列 $<f_1, \psi_m, n>_{m,n\in Z}$ 和 $<f_2, \psi_{m,n}>_{m,n\in Z}$ 很接近时，函数 f_1 和 f_2 也很接近，即

$$A \|f\|^2 \leq \sum_{m,n}| <f,\psi_{m,n}> |^2, \quad A \in R^+ \tag{6.10b}$$

于是便得到一个合理的离散小波变换，该小波变换对所有 $f(t) \in L^2(R)$ 必须满足下述条件：

$$A \|f\|^2 \leq \sum_{m,n}| <f,\psi_{m,n}> |^2 \leq B \|f\|^2; \quad A, B \in R^+ \tag{6.10c}$$

满足式（6.10c）的离散函数序列 $\{\psi_{m,n}; m, n \in Z\}$ 在数学上称为"框架"。

6.4　离散小波变换应用于图像压缩的特性研究

近几年来，基于小波变换的各种图像压缩编码方法成为人们研究的焦点。如 JPEG – 2000 图像压缩标准中就明确提出了以小波变换为基本的变换方法；在活动图像压缩的标准 MPEG – 4 中，也提出了对静止背景处理时用零树小波的方法。目前，人们关于小波图像压缩编码的研究主要集中在两个方面。一方面研究怎样使小波变换具有更好的变换特性，也就是小波基的构造和选取。对于固定的小波基，维拉舍勒（Villasellor）通过实验说明 9/7 双正交小波基的压缩性能最好，而另一组 9/23 小波基虽然正则性很好，但是压缩效果极差，峰值信噪比（PSNR）与 9/7 双正交小波基相差 7.0 ldB，所以不同的小波基对图像压缩效果的影响很大。另一方面，学者们研究怎样对小波系数进行有效的量化编码，也就是小波编码算法的实现。如何有效地发现利用小波变换系数的特点，将直接影响到小波编码算法的效率。嵌入式零树小波压缩（EWZ）编码和层次树集合划分（SPIHT）编码为代表的经典零树算法就是注意到了小波系数具有空间自相似性这样的一个特点，利用逐次逼近量化将量化与熵编码结合起来，实现了高效的图像压缩。

6.4.1　小波基的选择

图像编码过程中最优小波基的选择不是一件容易的事，主要根据以下几个性能做出选择：光滑性、逼近精度、支撑大小和滤波频率选择等。正则性刻画了小波的光滑度，小波的正则性越大，分解后小波图像各高频子带的能量就越集中于图像的边缘附近；而消失矩表明了小波变换后信息能量的集中程度，小波基的消失矩越大，分解后小波图像的能量就越集中于低频子带。

根据逼近理论，恩瑟（Unser）指出，样条小波在编码应用中有很大吸引力[94]。里乌（Rioul）对正交基的实验表明，光滑度是压缩时需要重要考虑的一个指标[95]。安东尼尼（Antonini）进一步指出，消失矩和光滑度都很重要。滤波器的实验表明光滑度比消失矩略重要一点，例如，哈尔（Harr）小波基由于不连续，会造成恢复图像中出现方块效应，而采用其他光滑的小波基则会消除方块效应[96]。维特立（Vetterli）和郝尔利（Herley）认为正则性值得仔细研究，而光滑度不会对编码结果产生明显的改善，因为通常使用的基函数都有连续的 1 阶和 2 阶导数，哈尔小波只是一个特例[97]。

以下是选择小波基的一些依据，在编码时要对这些性质进行综合权衡，以选出最合适的小波基。对于一个选定的小波函数，其对称性、光滑性、紧支集的大小和逼近性等性质都直接影响到编码的效果。因此，选择何种小波基用于给定的图像的编码还是一个有待解决的问题。一般说来，目前图像压缩中选用的小波基多为双正交小波，这是因为双正交小波可以兼顾对称性、紧支性和光滑性等多种性质。

6.4.1.1 正交性

如果使用正交小波基，那么多尺度分解得到的各子带数据分别落在相互正交的子空间中，使各子带数据相关性减小。但能准确重建的正交的线性相位有限冲激响应滤波器组是不存在的，即，除了哈尔小波外，没有任何紧支集正交小波具有对称的特性，因此一般放宽条件用双正交滤波器。

6.4.1.2 对称性

对称滤波器组具有两个优点：其一，人类的视觉系统对边缘附近对称的量化误差较非对称的量化误差更不敏感；其二，对称滤波器组具有线性相位。在小波的许多应用中，特别是在信号处理与图像处理中，重要的一点是生成多分辨分析的尺度函数要具有线性相位，或者至少具有广义线性相位，以便滤波时能保持线性相位，使重构时的失真得以避免。但是，只有具有对称或反对称性质的滤波器才可能具有线性相位。所以选用的小波滤波器尽量是对称的或者反对称的，以提高重构图像的质量。

6.4.1.3　正则性

正则性是小波的一个重要参数，它是函数光滑程度的一种描述，正则性阶数越大，函数就越光滑。小波和尺度函数的正则性阶数越高，滤波器的正则性也越好。光滑信号在经过正则性很差的分解滤波器后，其输出随着小波变换级数的增加将很快出现不连续性，而不连续性将导致高频子带中系数的增多，从而不利于压缩和量化。同样，如果重构滤波器的正则性很差，量化带来的误差在重构时就不能很好地被平滑掉，那么重建图像的误差可视性就强，视觉效果也差。由于重构小波和尺度函数的光滑程度决定了重构图像的光滑程度，所以重构小波和尺度函数的正则性应好于分解小波和尺度函数。

需要注意的是，虽然一般说来，正则性大的小波基性质较好，但这一点并不总成立，有些滤波器的正则性可能很高但用于图像压缩时的性能并不好。

6.4.1.4　消失矩

消失矩是小波的另一个重要参数，一般用来表示滤波器在原点处的平滑度。小波函数的消失矩刻画了高通滤波器在 $\omega = 0$ 处和低通滤波器在 $\omega = \pi$ 处的平坦程度，消失矩越大，滤波器的性能就越接近理想滤波器。由于图像的能量集中在低频处，滤波器消失矩越大，小波分解时低频能量泄漏到高频子带的就越少，位于图像光滑区域处的高频系数也就越小，因此更有利于图像的压缩。同样，由于高频能量泄漏到低频的也相对较少，所以高频子带中图像的边缘或纹理区域内也可能会有更多的高幅值系数出现。

6.4.1.5　紧支性

由于实际计算总是有限的，所以希望滤波器是有限长度，即小波具有紧支性。一般说来，小波正则性越好，消失矩越大，小波的支集宽度越大，对应的滤波器就越长。当高通滤波器和图像中边缘或纹理等细节信号卷积时，就产生了高幅值系数，滤波器越长，高幅高频系数的数量就会相应增多，所以正则性好、消失矩大的滤波器也可能会引起高幅高频系数的增多。同时滤波器过长会引起算法复杂度的增加以及边界失真的加剧。另外滤波器的长度会影响信号能被分解的最大层数。因此在选择小波基时，滤波器不能太长。

6.4.2　小波变换系数的特点

小波编码技术的关键是如何根据小波变换系数的特点，利用各种先验信息和估计信息组织变换系数，使其在有效提高压缩比的同时保留尽可能多的信息。这样在进行编码之前，必须先要考虑图像进行小波变换后系数的特点，以这些特点作为先验信息指导编码。理论分析发现，小波变换后的系数主要有以下几个特点：良好的空频局部化特性、方向选择特性、频域能量聚集性和能量衰减性、高频系数的统计特性、高频系数的空间聚集特性、子带间系数的相似性。

6.4.2.1　空频特性与方向选择性

小波变换把图像的高频信息划分为三个子带，即 x 方向上的低频和 y 方向上的高频分量 LH，图像 x 方向上的高频和 y 方向上的低频分量 HL，以及图像 x 方向上的高频和 y 方向上的高频分量 HH。LH 子带主要是原图像水平方向的高频成分，HL 子带则包含了更多垂直方向的高频信息，HH 子带是图像中对角线方向高频信息的体现，尤其以 45°和 135°方向的高频信息为主。

由上面分析可以知道小波变换可以用不同的分辨率聚焦到不同频带内的任意细节，因此具有良好的空频局部化和方向选择特性，起到了很好的数学显微镜的作用。这一点是与人眼视觉特性相吻合的，研究人员可以根据不同方向的信息对人眼的不同敏感度来分别设计量化器，从而得到很好的编码效果。

小波变换的这种特性可以用下面这个直观的例子来说明。人类的视觉系统在观察图像的时候，所看到的"图像"实际是原始自然图像在某种分辨率上的一个近似。当人眼离图像较远，空间分辨率相对图像和眼睛的距离来说较低，人看到的"图像"就是原始图像的一个模糊逼近或分析；当人眼离图像较近，空间分辨率相对来说变高，人看到的"图像"就是一个较为精细的近似或分析了。这种由粗到细的分析过程已经广泛应用在立体视觉匹配和模板匹配中，并且表明与人眼的低级视觉处理是相似的。

6.4.2.2　频域能量聚集性和能量衰减性

图像经小波变换后，平坦区域和纹理区域的低频部分的信息集中在低频子带，而纹理区域的高频部分和边缘信息则在高频子带表现得明显，由于自然图像的平滑区域占了图像的绝大部分，从而低频带中就聚集了图像的大部分能量。所以低频子图的小波变换系数具有更重要的地位，在量化压缩过程中要尽量单独编码，使其损失尽可能达到最小。另外，同一分辨率上的 HH 子带系数值与 LH 和 HL 子带的系数值相比，其值都要小得多，因此同一分辨率上，LH 和 HL 子图比 HH 子图更为重要。这一结果也与人眼的视觉特性相同，人眼对垂直和水平方向的图像信息比对角线方向的要敏感。

6.4.2.3　高频系数的空间聚集特性

小波变换后的高频系数大都为零，是非重要的。高频子图上的重要系数集中了该子图的多数能量，意味着不连续或变化，即图像的边缘和纹理信息。每一高频子图的重要系数大都沿边缘或纹理聚集分布。这说明，经过小波变换去相关后，高频带内小波系数相关性很弱，但也不可认为完全是相互独立的。这些系数的相关性与重要系数边缘或纹理区域的聚集有关。如果沿着边界将系数分为不同的两类，即边界附近的像素集和非边界的像素集，则对于非边界的像素集也许只需要很少的几个比特就可以表示，这将进一步提高压缩性能。

6.4.2.4 子带间系数的相似性

小波变换更为重要的优越性体现在其多分辨率分析的能力上。小波图像的各个高频带分别对应了原图像在不同尺度和不同分辨率下的边缘和纹理信息细节，以及一个由小波分解级数决定的最小尺度、最小分辨率下对原始图像的最佳逼近。而且分辨率越低，有用信息的比例也越高。从多分辨率分析的角度考虑小波图像的各个频带时，它们之间存在很明显的相似性。这种相似性不仅指同一分辨率下水平、垂直、对角线三个方向上的各高频子图具有相似性，水平、垂直、对角线三个方向上不同分辨率下的各高频子图也存在很强的相似性。此外，低频小波子带的边缘与同尺度下高频子带中所包含的边缘之间也有相似性。这种相似性在记录重要系数位置时有非常重要的作用。

目前已提出的各种小波编码方案都或多或少利用了小波变换系数的以上特性。如何充分利用这些特性，设计出性能优越的量化编码方法，是小波编码中最为关键的问题。

6.4.2.5 幅度相关性

对于图像变换后的小波变换系数，幅度间也存在一定的相关性。虽然小波变换是很好的去相关变换，但是这个系数间的去相关是包括符号计算的，由于符号几乎呈均匀分布，这样就平均了总体效果，使得系数的相关性不高。但是如果不考虑符号，而仅仅计算变换系数的幅度相关性，可以发现还是有很强的相关性的，也就是还存在冗余。幅度相关性主要包括子带内系数的相关性和子带间系数的相关性。

6.5　本章小结

　　本章概略地论述了小波变换的理论基础。首先描述了连续小波变换的定义，并指出了其与傅里叶变换的异同；接着分析了连续小波变换的一些有用的性质，并分析了小波变换的离散化，即离散小波变换；最后分析了离散小波变换用于图像压缩编码的特性，主要包括小波基的选择和离散小波变换系数的特性。

图像压缩与加密同步实现

当前，信息科学已经成为时代的主旋律。随着电子技术、计算机技术、通信技术等信息技术在医学中的应用，医疗卫生事业也进入了崭新的信息时代。远程医学是目前国际上一项得到广泛关注的跨学科高新技术，同时也是一项具有极大经济效益的社会工程，形成了医疗、教学、科研、信息一体化的网络体系，真正使广大边远地区、贫困地区等更多的人享受到医学教育资源、专家资源、技术设备资源、医药科技成果信息资源等。同时，我国目前正在大力推广的农村新型合作医疗制度已经惠及广大农民。但是，大量的医学图像只能在互联网这样的公用网上进行传输，受到网络带宽的限制，同时医学图像涉及患者的隐私问题；因此，有必要研究图像的压缩与加密同步实现技术，实现医学图像的安全、快速传输。当前，就如何针对医学图像的特殊性（容量大、实时性、隐私保密等），设计行之有效的安全、快速的图像压缩与加密同步实现技术，正成为企业界和学术界共同关注的焦点。

7.1 图像压缩与加密同步实现的迫切需求

随着远程医学的发展和农村新型合作医疗的发展，大量的医学图像在网上传输，对图像的压缩与加密技术提出了新的要求：

（1）一方面随着医学技术的发展，医学图像的像素精度、色彩层次更加丰富，导致了图像文件的尺寸越来越大，占用的存储空间也越来越大；另一方面，在广大农村地区互联网的发展还不是十分发达，网络的带宽也受到很大的限制。这就给医学图像的网络传输带宽和速度带来了极大的压力，要求对图像进行必要的压缩以适于快速传输。

（2）由于医学图像不仅涉及患者的隐私问题，甚至涉及种族人口的生物信息，与国家战略息息相关，这就要求图像在传输过程中必须保证信息的安全。保证图像信息安全的重要方法之一就是对图像本身进行加密传输。

（3）随着技术的发展，即使在农村落后地区开展有城市发达地区医生指导的远程实时手术也成为了可能，并必定会越来越流行。这对图像信息的实时、安全传输提出了更高的要求。

目前，虽然对图像的压缩技术和图像的加密技术已经进行了广泛而深入的研究，并且也取得了丰富的研究成果。但是，大多是把图像的压缩与加密两种技术分割开来单独进行研究，这并不能完全满足远程医学和农村合作医疗中对医学图像安全、快速传输的要求。这就对图像的压缩与加密同步实现技术研究提出了更高和更为迫切的要求。

7.2 主流的图像压缩技术和图像混沌加密技术

7.2.1 图像压缩技术的研究现状

图像压缩编码是指用尽可能少的数据表示信源发出的图像信号，以减少容纳给定消息集合的信号空间，从而减少传输图像数据所需的时间和信道带宽。图像压缩编码算法的研究历程可分为两个阶段。

7.2.1.1 第一代图像压缩编码阶段（1985 年以前）

图像压缩编码算法的研究起源于传统的数据压缩理论。比较系统的研究始于 20 世纪 40 年代初形成的信息论。1977 年以前，基于符号频率统计的哈夫曼（Huffman）编码具有良好的压缩性能，一直占据重要的地位，并不断有基于其改进的算法提出。1977 年，以色列科学家雅各布·立夫（Jacob Ziv）和亚伯拉罕·伦佩尔（Abraham Lempel）提出了不同于以往的基于字典的压缩编码算法 LZ77，1978 年又推出了改进算法 LZ78。随着数字信号处理研究的不断发展，数字图像信号、语音信号等被大量引入有关领域。由于图像信息占用较多的存储空间，因此数据压缩编码技术在图像通信中得到了广泛的应用。最早研究的是预测压缩编码，它是以像素为处理单位，并基于高阶马尔科夫（Markov）过程和维纳（Wiener）线性滤波的图像最佳线性预测理论。自 1969 年在美国举行首届"图像编码会议"以来，图像压缩编码算法的研究有了很大进展。其中变换压缩编码与量化压缩编码是研究热点。变换压缩编码是通过对图像进行正交变换，然后通过量化去除对视觉影响不大的高频分量，再采用游程编码和哈夫曼（Huffman）编码达到压缩效果。按照正交变换的不同，常用的变换压缩编码又分为，卡亨南－赖佛变换（Karhunen-Loeve）变换（KLT）、离散余弦变换（DCT）、离散哈德玛变换（DHT）、离散斜变换（DST）等。由于 DCT 压缩编码算法具有编码效果较好、运算复杂度适中等优点，目前已经成为国际图像编码标准的核心算法。量化压缩编码是另一类行之有效的图像压缩方法，它包括标量量化和向量量化两种方案。

7.2.1.2 第二代图像压缩编码阶段（1985 年至今）

为了克服第一代图像压缩编码存在的压缩比小、图像复原质量不理想等弱点，1985 年肯特（Kunt）等充分利用人眼视觉特性提出了第二代图像压缩编码的概念。20 世纪 80 年代中后期，人们相继提出了在多个分辨率下表示图像的方案，主要方法有子带压缩编码、金字塔压缩编码等。它们首先利用不同类型的线性滤波器，将图像分解到不同的频带中，然后对不同频带的系数采用不同的压缩编码方法。这些方法均在不同程度上有如下优点：多分辨率的信号表示有利于图形信号的渐进式传输；不同分辨率的信号占用不同的频带，便于引入视觉特性。1987年，马拉特（Mallat）将计算机视觉领域内的多尺度分析思想引入小波变换中，奠定了小波图像压缩编码基础。90年代，学术界出现了基于小波变换的结构简单、无须任何训练、支持多码率、图像复原质量较理想 EZW 编码算法、SPIHT 编码算法。当前，这种基于小波变换思想的图像压缩编码算法已成为图像压缩研究领域的一个主要方向。这类算法的基本思路是，首先选择具有紧支集的正交小波及对应的滤波器；然后用选择的正交小波对图像进行变换得到不同层次不同图号的子图；最后根据各子图的特点对相应小波系数进行量化编码。

7.2.2　混沌图像加密技术研究现状

在混沌密码领域，自1989年首次提出将混沌应用于信息安全以来，已有了近20年的发展。当前，研究者已经将混沌应用于信息加密和消息认证等领域。

混沌应用于流密码的设计主要有两种方式。一种是以混沌为基础设计伪随机数发生器（PRNG），另一种是利用混沌逆系统设计流密码。近年来，有许多研究集中在使用混沌系统构造伪随机数发生器和对其性能进行分析。达克塞尔（Dachselt）和凯尔伯（Kelber）详细研究了利用混沌逆系统设计流密码的一般结构及其密码分析，从整体上看，它是密文被反馈回来经过处理以后再直接用于掩盖明文，既与基于混沌伪随机数发生器的序列密码有相似之处，又借鉴了分组密码的 CBC 工作模式。

将混沌应用于分组密码的设计主要有如下几种思路：基于逆向迭代混

沌的分组密码、基于混沌搜索机制设计分组密码和利用混沌设计 S 盒。

相对基于混沌的对称密码而言，利用混沌构造公开密钥密码的研究成果显得很少。一些比较有价值的文献有：科察雷夫（L. Kocarev）利用切比雪夫（Chebyshev）混沌映射的半群特性，提出了一种构造公钥密码的方案[16]。贝加莫（P. Bergamo）等对科察雷夫（L. Kocarev）公钥密码方案进行了安全性分析，指出其中存在着安全漏洞[17]。2004 年末，科察雷夫（L. Kocarev）又提出了一种新的基于混沌的公钥密码的方案[49]。

从我们所掌握的资料来看，混沌密码虽有多年的发展，但在实际中使用的情况还不多。就医学图像的存储、传输安全而言，当前主要采用传统密码中的技术，比如 SHA、MD5、DES 和 AES 等，来进行信息认证和加密。近年来，随着信息认证分析技术的突破性发展，传统的信息认证算法受到空前的考验。引入新的密码和 Hash 函数的设计思路，弥补已有的不足也是传统密码界迫切需要解决的问题，而将混沌技术与传统密码技术结合正是其中一个非常具有竞争力的设计思路。从混沌密码学已有的研究成果来看，已有大量的以混沌技术为基础的认证方法和加密方法，挑选其中优秀的方法进行论证和分析，或者结合传统密码的思路设计新的方法能够满足医学图像加密的需要。因此从技术上看，将数字混沌技术应用于医学图像的加密是完全可行的。

7.2.3 图像压缩与加密同步实现技术的研究现状

图像压缩技术和图像加密技术虽然已经取得了丰富的研究成果，但在 2000 年以前却很少出现压缩与加密同步实现的研究。进入 21 世纪以来，图像压缩与加密同步实现研究逐渐成为一个研究热点。2006 年，刘江龙（Jiang-Lung Liu）通过修改 JPEG2000 压缩算法中 MQ 编码器的初始 Qe 表，达到压缩与加密的同步实现[98]；在同一年，冉扬·博思（Ranjan Rose）和萨米特·帕沙克（Saumitr Pathak）等提出基于双混沌系统和标准自适应 AC 编码的压缩与加密同步实现算法[79]；2008 年，黄和国（K. W. Wong）

和袁清宏（Ching-Hung Yuen）根据符号频率分配巴普蒂斯塔（Baptista）
混沌密码系统中的区间大小，达到压缩与加密同步实现[80]。随着数字技
术的不断发展，数字图像应用范围不断扩大。一方面，人们对图像精度、
色彩等要求越来越高，使得图像文件尺寸越来越大；另一方面，社会对图
像的隐私、版权意识等也越来越强。综合两方面来看，图像压缩与加密同
步实现仍将是未来一段时间的研究热点。

7.3 设计安全的图像压缩与加密同步实现算法

为了满足互联网上高速安全地传输图像，传统的做法是将图像的压缩
与加密分成两步来完成。在这个过程中，一般是先对图像进行压缩然后加
密，反过来则不会取得很好的压缩效果。然而，这样做将失去压缩与加密
同步完成所具有的设计灵活与计算简化的一些优势。一个更好的办法是将
压缩与加密关联起来同步完成，这正成为当前的一个研究热点[77-81]。

目前，许多研究文章已经揭示了混沌系统与密码系统之间的紧密关
系。此外，离散小波变换也已经广泛应用于图像压缩中[82,83]。因此，组合
DWT 的压缩特性与混沌系统的密码特性是一个有前途的研究领域。文献
[84] 提出了一种采用了混杂 HARR 小波编码和混沌掩码的对称加密算
法。然而，该算法仅仅采用了 HARR 子小波基 $\{h_0, h_1, h_2, \cdots, h_{n-1}\}$
的组合形式来搅乱明文位流的位置而并没有改变明文位流的值。文献
[85] 提出了一种新的私钥密码系统，其加密与解密作用在非线性有限域
小波变换的分析子带和综合子带上，但是该文并没有研究这种算法的压缩
性能。文献 [86] 研究了一种感知加密算法，它作用在基于 SPIHT 压缩
编码的基础上。在该算法中，来自四叉树中同一父结点的四个小波系数位
置被加密算法搅乱了，在加密过程中其系数值并没有变化。然而，根据香
农理论[87]，一个好的密码系统应该包含两个过程——扩散与混淆，否则，
该密码系统存在潜在的危险，容易受到选择明文攻击。

在文献［88］里，林荣（Lin）等提出了一个混沌图像编码算法来加密 SPIHT 编码器产生的编码位流。该文提出的算法本质上是一种流密码算法，它并没有充分利用 SPIHT 的编码特性。SPIHT 编码算法具有理想的渐进式传输性能，同时还具有良好的压缩比。在 SPIHT 中，由于最重要位（most significant bits，MSBs）包含了重要的图像信息，它们应该出现在压缩流的开始部分并首先传到解码器。因此，SPIHT 编码算法需要先对系数进行排序，并且首先传输最重要位以便实现渐进传输与压缩。

本书课题组在项目开展过程中，提出了一种图像加密与压缩关联算法。在该算法中，加密过程被安排在小波变换与 SPIHT 压缩编码之间。加密过程中，混淆过程被限制在单个小波子带里，该子带包含了图像的某部分细节信息。同时，最重要位和符号位保持不变。

7.3.1 SPIHT 编码算法概述

SPIHT 算法能够生成一个嵌入位流，使接收的位流在任意点中断时，都可解压和重构图像，具有良好的渐进传输特性。在系数子集的分割和重要信息的传输方面采用了独特的方法，利用了小波变换系数的量级有序、集合划分、有序的位平面传输以及图像小波变换下的自相似原理。在实现幅值大的系数优先传输的同时，能够隐式地传送系数的排序信息。其主要步骤如下：

（1）采用适当的小波滤波器对图像进行小波分解，然后用固定比特位数表示变换后的系数 $c_{i,j}$。最高位是符号位，其余位是数量位，最不重要位排在最下面。

（2）排序扫描：传输满足条件 $2^n \leqslant |c_{i,j}| < 2^{n+1}$ 的系数 $c_{i,j}$ 的个数 l，及对应系数的 l 对坐标和 l 个符号位。

（3）精细扫描：传输满足 $|c_{i,j}| \geqslant 2^{n+1}$ 的所有系数的第 n 个最重要比特位。它们是第 2 步排序过程中选出来的系数。

（4）迭代：如需继续迭代，则 n 减少 1，转步骤（2）。

排序是主要步骤，其主要任务是选择满足 $2^n \leqslant |c_{i,j}| < 2^{n+1}$ 的系数。对于给定的 n 值，如果系数 $c_{i,j}$ 满足 $|c_{i,j}| \geqslant 2^n$，则认为该系数是重要的，否则认为是不重要的。在第一次迭代过程中，只有少数系数是重要的。然而，由于 n 一直在减小，随着迭代的深入，系数将越来越多。排序过程必须确定哪些重要系数满足 $|c_{i,j}| < 2^{n+1}$ 并且传递这个坐标给解码器。这是 SPIHT 算法最重要的一部分。

7.3.2　图像加密与压缩关联算法

在本书提出的算法[89]中，$x_1, x_2, \cdots, x_K, x_{K+1}$ 是以双精度浮点格式表示的 Logistic 映射的秘密初始值。K 是 DWT 分解的级数。这些值被用来产生扩散过程的初始值和混淆过程的二进制流。

7.3.2.1　基本结构

本书提出的关联加密与压缩算法的算法框图如图 7.1 所示。加密过程发生在 DWT 分解之后 SPIHT 压缩之前。整个加密过程由两个阶段组成：第一阶段利用标准映射来实现扩散过程，在这个阶段，子带图里的所有小波系数作为一个整体被扰动，扰动过程中其值没有发生改变。第二阶段是

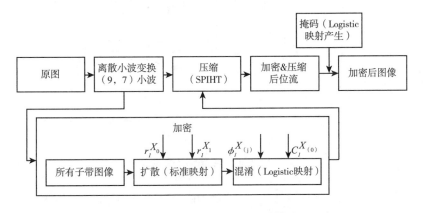

图 7.1　图像加密与压缩关联算法

用 Logistic 映射来实现混淆过程，在这个阶段满足某些条件的系数将被修改，继而，系数的微小改变将扩散到尽可能多的系数上。最后，一个附加的掩码操作被作用在所有的加密和压缩比特位上。

7.3.2.2　密钥生成与编排

图像的离散小波变换可以使用任何的小波滤波器，并且能够以任何形式分解图像。唯一的限制是，子带里必须要有足够的数据点来覆盖所有的滤波条带。

金字塔分解被证明是一种非常有效的小波分解方法。它产生水平、垂直和对角三个子带的图像细节数据。每一级的三个子带都包含了特定尺度的水平、垂直和对角图像特征信息。因此，本书使用了这种分解方式。如图 7.1 所示，每一级的每个子带将独立地进行扩散与混淆操作进行加密。

密钥编排如下：

首先用 SHA1 算法生成原始图像和初始值 x_1，x_2，$\cdots$，x_K，x_{K+1} 的 160 比特 HASH 值 s_0，如图 7.2 所示。

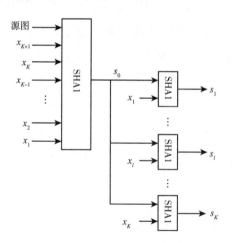

图 7.2　160 比特 HASH 值的生成

然后用 SHA1 算法产生 s_0 和 x_l 的 160 比特 Hash 值 $s_l(1 \leqslant l \leqslant K)$。

在扩散阶段，标准映射并不会扰动图像左上角的系数，这可能会成为密码分析中的一个漏洞。因此，一个随机数对 $(r_l^{X_0}, r_l^{X_1})$ 被引入。这样，修改后的标准映射如下：

$$
\begin{cases}
s_{k+1} = (s_k + t_k + r_l^{X_0} + r_l^{X_1}) \bmod \dfrac{N}{2^l} \\[3mm]
t_{k+1} = \left(t_k + r_l^{X_1} + K_l^c \sin \dfrac{2\pi \cdot s_{k+1}}{\dfrac{N}{2^l}} \right) \bmod \dfrac{N}{2^l}
\end{cases}
\tag{7.1}
$$

此处，(s_k, t_k) 和 (s_{k+1}, t_{k+1}) 分别是 $\dfrac{N}{2^l} \times \dfrac{N}{2^l}$ 系数矩阵中扩散前和扩散后的位置。标准映射参数 K_l^c 是一个正整数 $(1 \leqslant l \leqslant K)$。

对于第 l（$1 \leqslant l \leqslant K$）级的三个子带图 LH_l，HH_l 和 HL_l：$K_l^c \leftarrow s_l^{97} \cdots s_l^{108}$。$s_l$ 的其他比特按如下方式安排：

$$LH_l : r_l^{X_0} \leftarrow s_l^1 \cdots s_l^8, \ r_l^{X_1} \leftarrow s_l^9 \cdots s_l^{16}, \ C_l^X(0) = s_l^{65} \cdots s_l^{72}$$

$$HH_l : r_l^{X_0} \leftarrow s_l^{17} \cdots s_l^{24}, \ r_l^{X_1} \leftarrow s_l^{25} \cdots s_l^{32}, \ C_l^X(0) = s_l^{73} \cdots s_l^{80}$$

$$HL_l : r_l^{X_0} \leftarrow s_l^{33} \cdots s_l^{40}, \ r_l^{X_1} \leftarrow s_l^{41} \cdots s_l^{48}, \ C_l^X(0) = s_l^{81} \cdots s_l^{88}$$

当 $l = K$ 时，对于经 DWT 分解后第 K 级的左上角的子带图 LL_K 为：

$$LL_K : r_K^{X_0} \leftarrow s_K^{49} \cdots s_K^{56}, \ r_K^{X_1} \leftarrow s_K^{57} \cdots s_K^{64}, \ C_l^X(0) = s_l^{89} \cdots s_l^{96}$$

7.3.2.3 加密与压缩

本书提出的关联加密与压缩算法步骤如下：

第一步，对于指定明图，用合适的小波滤波器进行离散小波变换，得到变换系数。

第二步，加密小波变换后每一级包含的三个子带系数和最后一级的左上角子图系数。加密过程包含如下的两步：

扩散过程：用式（7.1）和参数搅乱每个子图中的所有小波变换系数。

混淆过程：改变那些绝对值大于等于阈值 δ（$\delta \geqslant 1$）的被扰动过的系

数。其具体操作步骤如下：

如果 $\lfloor |c_l^X(j)| \rfloor < 2^{\lfloor \log_2 \lfloor |c_l^X(j)| \rfloor \rfloor} + 2^{(\lfloor \log_2 \lfloor |c_l^X(j)| \rfloor \rfloor - 1)}$，则用式（7.2）修改当前被扰动的系数，否则用式（7.3）修改系数值。

$$C_l^X(j) = (\lfloor |c_l^X(j)| \rfloor \oplus \lfloor |C_l^X(j-1)| \rfloor \oplus \phi_l^X(j)) \bmod 2^{(\lfloor \log_2 \lfloor |c_l^X(j)| \rfloor \rfloor - 1)}$$
$$+ 2^{\lfloor \log_2 \lfloor |c_l^X(j)| \rfloor \rfloor} \tag{7.2}$$

$$C_l^X(j) = (\lfloor |c_l^X(j)| \rfloor \oplus \lfloor |C_l^X(j-1)| \rfloor \oplus \phi_l^X(j)) \bmod 2^{(\lfloor \log_2 \lfloor |c_l^X(j)| \rfloor \rfloor - 1)}$$
$$+ 2^{\lfloor \log_2 \lfloor |c_l^X(j)| \rfloor \rfloor} + 2^{(\lfloor \log_2 \lfloor |c_l^X(j)| \rfloor \rfloor - 1)} \tag{7.3}$$

式（7.2）和式（7.3）中，$C_l^X(j)$ 是系数 $c_l^X(j)$ 的加密值。$C_l^X(j-1)$ 是前一个加密值。$C_l^X(0)$ 是秘密初始值。

然后，所有的系数 $C_l^X(\cdot)$ 按式（7.4）再做一次处理。

$$C_l^X(\cdot) = \begin{cases} -(C_l^X(\cdot) + |c_l^X(\cdot)| - \lfloor |c_l^X(\cdot)| \rfloor), & c_l^X(\cdot) < 0 \\ C_l^X(\cdot) + |c_l^X(\cdot)| - \lfloor |c_l^X(\cdot)| \rfloor, & c_l^X(\cdot) > 0 \end{cases}$$
$$\tag{7.4}$$

函数 $\lfloor \cdot \rfloor$ 实现向下取整，即返回比输入值小的最大整数。位抽取函数 $\phi_l^X(\cdot)$ 实现从 Logistic 映射返回值中抽取一定数量的比特位。Logistic 映射定义如式（7.5）所示：

$$\tau_{j+1}(x) = \mu \tau_j(x)(1 - \tau_j(x)), x \in I = [0,1] \tag{7.5}$$

式中，$\tau_j(x)$ 是 Logistic 映射的第 j 次迭代返回值，其初始值为 x_l，值 x 按如下方式表示：

$$x = 0. b_1 b_2 \cdots b_i \cdots, x \in [0,1], b_i \in \{0,1\}$$

本书抽取的是小数点后的第 $b_4 b_5 \cdots b_{15}$ 位，共 12 比特。

第三步，用第 7.3.1 节描述的 SPIHT 编码算法压缩加密后的小波系数。输出的二进制序列用 m 表示，m 中除了包含图像数据信息外，还包含了 3 个字节的诸如图像大小、小波变换级数、压缩比等头部信息。

第四步，掩盖加密并压缩的位流 m。类似第二步所示，用式（7.5）

定义的 Logistic 映射，一个与位流 m 等长的比特被抽取了出来，其初始密钥是 x_{k+1}，从 Logistic 映射的每一次迭代中抽取其中的 $b_8 b_9 \cdots b_{15}$ 共 8 个比特。掩码过程如下：

$$Z_i = Z_{i-1} \oplus m_i \oplus \varphi_i \quad i = 1,2 \tag{7.6}$$

式中，Z_{i-1} 和 Z_i 分别是第 $i-1$ 和 i 个 8 比特的掩码流。m_i 是序列 m 的第 i 个字节。φ_i 是从 Logistic 映射的第 i 次迭代中抽取的 8 比特位流。当 $i=1$ 时，$Z_{i-1} = Z_0$ 是秘密分配的初始 8 比特位流。序列 m 的头部信息没有被掩盖。

为了保护多媒体信息内容，本书研究了压缩之前加密的可能性。特别地，在我们的算法中，小波系数被搅乱了，并进行了选择性地加密。实验结果表明，本书提出的算法实现了算法的安全性、重构图像的视觉质量以及压缩比之间很好的折中。

7.3.3 图像加密与压缩关联算法仿真实验结果

实验过程中，采用（9，7）不可逆浮点小波变换，小波分解级数 K 为 6，共需要 7 个 Logistic 映射初始值。其中 x_1，x_2，$\cdots$，x_6 被用在每一小波分解级上，x_7 用在最后的掩码过程中。随机选择的 7 个初始值如下：$x_1 = 0.394857698348593$，$x_2 = 0.762757068948018$，$x_3 = 0.689837458934875$，$x_4 = 0.464350945435978$，$x_5 = 0.865798324582347$，$x_6 = 0.654587439865794$ 和 $x_7 = 0.424398752348759$。此外，$Z_0 = (147)_{10} = (10010011)_2$。SPIHT 算法的 Matlab 程序见网址 http：//www.cipr.rpi.edu/research/SPIHT。

7.3.3.1 重构图像的视觉质量

实验过程中，用一些大小为 512×512 像素的标准 8 比特灰度级图像（如 Lena、Barbara、Boat、Peppers 和 Baboon），在不同的压缩比 CR（compression ratio）（CR ∈ {0.250，0.375，0.500，0.625，0.750，0.875，

1.000｝)，单位为 bpp（bit per pixel），即表示每个像素所需的比特数)和阈值 δ（δ ∈ [1，32，128，256，512]）下进行了测试。测试结果如表 7.1 和图 7.3 所示。

表 7.1 只进行压缩与加密与压缩关联的 PSNR

只压缩	加密与压缩（δ）				
	1	32	128	256	512
Lena 图 (512 ×512)					
33.679	29.554	30.551	31.224	31.379	31.988
36.824	31.130	32.702	33.450	33.795	34.891
38.418	31.731	33.943	34.763	35.199	36.829
39.951	32.022	34.542	35.499	36.019	38.085
Babala 图 (512 ×512)					
27.086	24.519	24.412	25.084	25.393	25.508
30.847	26.605	26.995	27.831	27.993	28.153
33.542	28.360	29.326	30.157	30.481	30.752
35.802	29.147	30.443	31.570	32.026	32.418
Baboon 图 (512 ×512)					
22.804	21.599	21.602	21.773	21.987	22.001
25.041	23.393	23.464	23.887	23.946	23.959
27.081	24.497	24.630	25.285	25.367	25.385
28.550	26.256	26.506	27.016	27.152	27.172
Pepper 图 (512 ×512)					
33.037	28.568	29.649	30.365	30.674	30.104
35.554	30.446	31.837	32.828	33.385	32.297
36.678	31.671	33.107	34.297	35.181	33.569
37.638	31.908	33.554	34.896	35.926	34.069
Boat 图 (512 ×512)					
30.340	27.368	27.946	28.443	28.585	28.684
33.738	29.138	30.609	31.340	31.673	31.838
36.349	29.964	31.960	33.024	33.524	33.779
38.271	30.974	33.484	34.615	35.37	35.772

（a）原始Lena图

（b）只进行压缩的重构图像
（CR=0.250bpp）

（c）重构图像 加密与压缩关联
（δ=1, CR=0.250bpp）

（d）重构图像 加密与压缩关联
（δ=512, CR=1.000bpp）

图 7.3　图像视觉质量比较

结果表明，在相同的压缩比下，本书提出的加密与压缩关联算法比单纯的 SPIHT 压缩算法有略低的 PSNR，但在有损压缩下，这种方法的视觉质量是可接受的。造成这种现象的原因主要是在扩散过程中，部分地打乱了 SPIHT 压缩算法中小波系数的空间方向树的父子关系。同时，在混淆过程中也部分地搅乱了 SPIHT 的排序和精细扫描过程。由于扩散被限制在每一个小波子带的内部，因此，这种扭曲是不重要的、可接受的。此外，在混淆过程中，保持了最重要的两个位和符号位不变，但这几个位包含了图像最重要的信息。

7.3.3.2　密钥空间

一个安全的图像加密算法应该有充分大的密钥空间来阻止暴力攻击，即通常所说的穷举攻击。本书提出的算法的密钥空间大小估计如下：

在 K 级金字塔小波分解过程中共得到了 $3 \times K + 1$ 个子带图像。子带图像的宽或高为 $\dfrac{N}{2^l}$，其中，l 是所在的级，N 是原始图像的宽或高。正如

7.3.2 节所描述，在每一级里，需从 160 比特的 HASH 值中取出其中的 84

比特作为 $r_l^{x_0}$，$r_l^{x_1}$，$C_l^x(0)$ 和 K_l^c 的初始值。此外，对于第 K 级的左上角 LL_K 子图，还会在第 K 个 HASH 值中另外再抽取其中的 24 比特。这样从 K 个 160 比特的 HASH 值中共抽取了 $(84 \times K + 24)$ 比特。对于理想的 HASH 函数来讲，其 0-1 分布是平衡的。这样，扩散阶段的密钥空间是 $(84 \times K + 24)/2 = 42 \times K + 12$ 比特。在混淆阶段，位抽取函数 $\phi_l^x(\cdot)$ 从初值为 x_l（$1 \leqslant l \leqslant K$）的 Logistic 函数的每次迭代值中抽取 12 比特。根据 IEEE 754 浮点数标准，$\varphi_l^x(\cdot)$ 的理论范围是 52 比特。然而，由于计算机的数字计算精度限制，实际实现时被限制在一个较小的密钥空间内。根据科达和恒田（Kohda & Tsuneda）的研究结果[24]，实际密钥空间是 12 比特，并且 $\phi_l^x(\cdot)$ 序列是独立同分布的。因此，在这个阶段共需要 $K \times 12$ 比特。在掩码阶段，φ_i 需要从初值为 x_{K+1} 的 Logistic 函数的每次迭代值中抽取其中的 8 比特。尽管，在这个阶段的密钥空间很小，但正如第 3.2 节所述，掩码操作是和扩散与混淆操作相关的，攻击者并不能分离这两个阶段加以分别攻击。所以，算法总的密钥空间是 $42 \times K + 12 + 12 \times K + 8 = 54 \times K + 20$ 比特。当 $K = 6$ 时，密钥空间将达到 344 比特。

7.3.3.3 抗线性攻击与抗差分攻击分析

线性攻击和差分攻击是两种基于强特征表现的经典密码分析方法。通过组合这些特征建立明文、密文和密钥之间的关系来进行攻击。因此，任何一个密码系统应该具有如下的三个重要属性来维持较高的安全性[7]：一是明文与密文之间的映射是随机的，仅仅依赖于密钥；二是密文对明文是高度敏感的；三是密文对密钥是高度敏感的。这意味着密钥或明文的一个比特的变化都应该导致完全不同的密文。

1. 密钥敏感性测试

为了测试密钥敏感性，实验中对密钥做一微小改变，即将密钥小数点后的最后 1 位加 1 或减 1，然后用新的密钥加密和压缩同一个图像。在我们的算法中，有 7 个初始密钥，仅仅一个密钥 x_1 从 0.394857698348593 变为 0.394857698348594。然后，两个密文序列进行逐位比较，并计算其比特变化的百分比。结果如表7.2和图7.4。结果表明，在所有的压缩比和阈值下，位变化百分比都接近50%，这表明密文对密钥是相当敏感的。

表7.2　　　　　　　Lena 图（512×512）的密钥敏感性测试

CR	δ				
	1	32	128	256	512
0.250	50.092	50.015	50.246	49.910	49.646
0.375	50.047	49.877	50.323	49.994	49.727
0.500	50.054	49.976	50.258	49.939	49.756
0.625	50.032	49.986	50.159	50.102	49.743
0.750	50.030	50.014	50.112	50.128	49.838
0.875	49.987	50.050	50.101	50.146	49.846
1.000	50.019	50.068	50.072	50.122	49.843

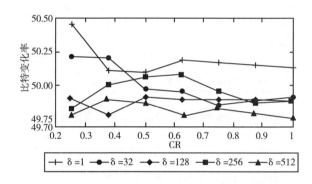

图7.4　Babala 图（512×512）的密钥敏感性测试

2. 明文敏感性测试

为了测试明文敏感性，明文图像不同位置的一个像素被选出来，然后和1进行异或运算。这个被修改后的图像被同样的密钥加密与压缩。两个密文序列逐位比较，计算比特变化百分比。实验中，分别选择了左上角、右下角和随机位置（197，339）三个像素。比特变化平均百分比列在表7.3和图7.5中。在所有的压缩比和阈值下，它们的值都接近50%。这表明密文对明文是非常敏感的。

表 7.3	Babala 图 (512×512) 的明文敏感性测试				
CR	δ				
	1	32	128	256	512
0.250	50.065	50.160	49.976	49.897	49.772
0.375	50.066	50.084	49.940	49.892	49.860
0.500	50.095	50.101	49.979	49.955	49.951
0.625	50.100	50.020	49.935	50.001	49.939
0.750	50.110	50.006	49.905	50.038	49.978
0.875	50.133	50.012	49.909	50.017	49.964
1.000	50.146	49.986	49.934	50.007	49.978

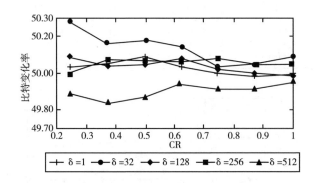

图 7.5　Lena 图 (512×512) 的明文敏感性测试

敏感性测试表明，密文序列对密钥和明图都是非常敏感的，哪怕是微小的变化。对密钥和明图的高敏感性能够很好地抵抗差分攻击和线性分析。

7.3.3.4　加密与解密速度

在本书提出的算法中，所有的小波系数将被扰乱一次，而只有那些大于等于给定阈值 δ 的系数被改变一次。实验中关于速度性能的比较结果见表 7.4。表中给出了算法在不同的阈值（δ）和压缩比（CR）下加密与压缩关联总时间（total，它包括小波分解时间、加密时间以及压缩编码时间）、加密时间（encryption）以及加密时间占整个算法时间的百分比（encry/total）。

表 7.4 　　　　　　　　　　　　　　**速度性能的比较**

阈值 δ	项目	压缩比 CR（bpp）						
		0.250	0.375	0.500	0.625	0.750	0.875	1.000
1	总时间（s）	5.657	6.308	8.089	9.879	8.287	10.013	12.294
	加密时间（s）	2.593	2.578	2.546	2.875	2.453	2.484	2.625
	加密时间占总时间的百分比（%）	45.837	40.867	31.476	29.103	29.601	24.807	21.352
32	总时间（s）	3.491	4.068	6.175	6.439	7.091	9.152	8.838
	加密时间（s）	0.642	0.643	0.655	0.658	0.659	0.659	0.690
	加密时间占总时间的百分比（%）	18.392	15.806	10.607	10.219	9.293	7.201	7.807
128	总时间（s）	2.518	3.095	3.547	4.446	5.407	5.789	7.806
	加密时间（s）	0.391	0.390	0.375	0.391	0.406	0.393	0.406
	加密时间占总时间的百分比（%）	15.531	12.601	10.572	8.794	7.509	6.789	5.201
256	总时间（s）	2.250	2.689	3.500	4.424	5.122	5.170	6.473
	加密时间（s）	0.328	0.312	0.343	0.327	0.343	0.326	0.343
	加密时间占总时间的百分比（%）	14.579	11.601	9.801	7.392	6.696	6.305	5.299
512	总时间（s）	2.078	2.648	3.641	4.159	4.614	4.834	6.195
	加密时间（s）	0.296	0.294	0.295	0.296	0.312	0.295	0.312
	加密时间占总时间的百分比（%）	14.244	11.103	8.103	7.117	6.762	6.103	5.036

实验数据表明：

（1）在给定的阈值下，随着压缩比 CR 的增大，总的耗时也逐渐增加，而加密时间几乎不变。这是因为，当压缩比增大时，压缩文档中标识每个像素信息所需的比特数也增加了，因此压缩编码的时间随之增加；而加密时间不变是因为，加密发生在压缩之前，加密的小波系数只与阈值 δ 有关。

（2）在给定的压缩比下，随着阈值 δ 的增大，总的耗时和加密时间都在减少。这是因为，在给定的压缩比之下，压缩编码的时间几乎不变；而随着阈值的增大，加密的系数个数减少，因此加密时间减少，从而也引起总的时间减少。

（3）加密时间占整个算法时间的相对百分比均小于50%，这意味着加密时间不会超过压缩时间。

SPIHT 压缩算法的速度非常快[82]，所以这个算法得到了广泛的应用。注意，本书使用了 SPIHT 算法提出者艾米尔·赛义德（Amir Said）和珀尔曼（Pearlman）等人在网站 http：//www.cipr.rpi.edu/research/SPIHT 上提供的 Matlab 代码，全部实验是在 Matlab 环境下实现的，没有进行代码优化。因此，表7.4 中的各项时间略大。但对相关代码进行优化后，对一个 512×512 的 8 位灰度图像，其 SPIHT 压缩时间最长耗时将缩短到 0.64 秒，结合表7.4 中的加密时间占总时间的百分比，本书的关联算法即使在 CR = 1 和 δ = 1 时，其完成时间也将远低于 1 秒 [0.64/（1 − 0.2135）≈0.84]。

7.3.3.5 与传统的压缩加密算法比较

为了与传统的压缩与加密分离算法比较，本书采用标准的 512×512 像素 8 比特灰度图像（Lena 图），给出了本书提出的关联算法和传统的压缩（JPEG）与加密（AES）分离算法（表7.5 中记为：JPEG + AES），以及 JPEG 加文献 [82] 中的加密算法（表7.5 中记为：JPEG + [82]）的实验结果，如表7.5 所示。

表7.5　　　　　　　　本书算法与分离算法比较

CR	PSNR（dB）			加密时间占总的时间比（%）		
	本书方法（δ=512）	JPEG + AES	JPEG + [82]	本书方法（δ=512）	$\dfrac{\text{AES}}{\text{JPEG + AES}}$	$\dfrac{[82]}{\text{JPEG + [82]}}$
0.250	31.988	29.059	29.059	14.244	13.017	22.011
0.500	34.891	31.276	31.276	8.103	8.207	18.094
1.000	38.085	38.062	38.062	5.036	10.237	20.374

实验结果表明，当压缩比较高时，本书方法重构图像质量优于分离算法（JPEG + AES，JPEG + [82]）。这主要是由于 JPEG 压缩中的离散余弦

变化分块效应引起；而在压缩比较低时，本书提出的算法加密所花时间占整个算法时间的比例低于分离算法中加密时间占整个算法时间的比例。这主要是因为分离算法需对整个压缩编码位流进行加密，而本书的方法只根据给定的阈值选择部分系数进行加密。

7.4 本章小结

本章详细地描述了一种基于 SPIHT 的图像加密与压缩关联算法，并对其密码学性能和编码压缩性能进行了详细的分析。理论分析和实验结果表明，本书提出的图像加密与压缩关联算法既实现了算法的安全性又保证了重构图像的视觉质量以及压缩比之间很好的折中。

基于混沌映射网络的
图像加密与认证算法

当前，以互联网为基础的电子商务应用正方兴未艾，如何保证网上信息的安全传输、存储等固然是研究的重点，但如何保证信息的公平和防抵赖也正成为一个亟待解决的问题。传统的手工签名是一种经典的防抵赖手段，然而在电子商务领域它正变得越来越不现实，因此，数字签名就应运而生。单向散列 Hash 函数是数字签名中的一个关键环节，可以大大缩短签名时间，在消息完整性检测和消息认证等方面有着广泛的应用。1968年威尔克斯（Wilkes）首次提出了单向散列函数的概念，其最大特点就是正向计算简单、反向计算复杂，而且很难找到两个不同的输入对应于同一个输出。根据应用情况不同，Hash 函数一般分为无密钥单向散列函数和带密钥的单向散列函数两类。传统经典的单向 Hash 方法如 MD2、MD4、MD5 和 SHA 系列等多是采用有限域上的异或逻辑运算，或是用分组加密方法多次迭代，得到 Hash 结果。但是，由于异或运算固有的缺陷，虽然每步运算简单，但计算轮数即使在被处理的文本很短情况下也很大。本章我们将介绍一种基于混沌映射网络的图像加密与认证算法[90]，在算法加密的同时还具有认证功能。

8.1　Hash 函数的基本思想

单向散列函数的基本思想是，单向散列函数 $h(x)$ 作用于任意长度的消息 x 上，返回一个固定长度的散列值 y，即 $y = h(x)$。它具有如下的几个性质：

（1）压缩性质：对任意有限长度的输入消息，都将输出固定长度的 Hash 值。

（2）计算简单：对给定 Hash 函数 h 和输入 x，$h(x)$ 的值很容易计算。

（3）逆运算难：即给定 y，根据 $y = h(x)$ 反向计算 x 很难。

（4）碰撞很难：给定 x，要找另一个消息 x' 并满足 $h(x) = h(x')$ 很难。

Hash 散列函数最根本的特点是变换的单向性，一旦消息序列被转换，就无法再以确定的方法从 Hash 序列获得其原始序列，从而无法控制变换得到的结果，达到防止信息被篡改的目的。正是这种单向不可逆性，使其非常适合于确定原文的完整性，从而被广泛用于数字签名。本书提出了一种基于混沌映射网络的图像加密与认证思路。

8.2　图像 Hash 值的混沌映射网络

我们采用简单常用的帐篷映射作为每个单元的混沌映射，构造图 8.1 所示的 Hash 结构。

帐篷映射如下：

$$T_\alpha : x_j = \begin{cases} \dfrac{x_{j-1}}{\alpha}, & 0 \leqslant x_{j-1} \leqslant \alpha \\[2mm] \dfrac{1 - x_{j-1}}{1 - \alpha}, & \alpha < x_{j-1} \leqslant 1 \end{cases} \qquad (8.1)$$

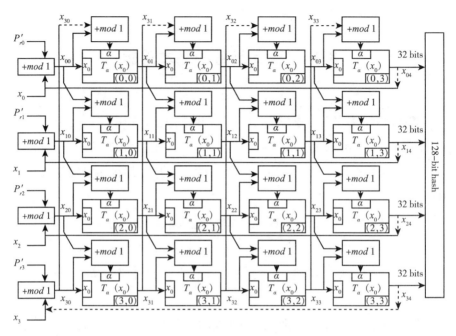

图 8.1　Hash 结构

其中每一个单元都是由单个的帐篷映射构成的。然后，用这个混沌映射网络迭代初始的密钥和每一个像素，生成 128bit 的 Hash 值 $h = (b_1 b_2 ... b_{24} ... b_{128})$。

8.3　图像加密与认证过程

本书提出的图像加密与解密算法框图如图 8.2 所示。

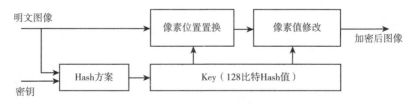

图 8.2　图像加密与解密算法

8.3.1 图像加密过程包含的两个阶段

8.3.1.1 排列：改变图像的像素位置

采用标准映射来改变像素位置，标准映射定义如下：

$$\begin{cases} s_{k+1} = (s_k + t_k + r_s + r_t) \bmod N \\ t_{k+1} = \left(t_k + r_t + K_c \sin \dfrac{2\pi \cdot s_{k+1}}{N} \right) \bmod N \end{cases} \quad (8.2)$$

其中，(s_k, t_k) 和 (s_{k+1}, t_{k+1}) 分别是像素改变前后的位置。(r_s, r_t) 是一个随机选择的值，以避免标准映射中左上角的点始终不会改变位置的缺陷。

8.3.1.2 替换：改变像素的灰度值

我们采用如下的方程来改变像素的灰度值：

$$C(k) = \Phi(k) \oplus \{(P(k) + 2 \cdot \Phi(k)) \bmod G\} \oplus C(k-1) \quad (8.3)$$

其中，$P(k)$ 和 $C(k)$ 分别是明文像素和密文像素，$C(k-1)$ 是前一个像素加密后的密文，$C(0)$ 是初始值，其大小由 Hash 值导出，G 是灰度值最大取值。$\Phi(k)$ 由 Logistic 映射产生。

$$l_{k+1} = \mu l_k (1 - l_k) \quad (8.4)$$

$\Phi(k)$ 由 l_k 的二进制表示的第 $11 \sim 18$ 位构成，方式如下：

$$\Phi(k) \leftarrow Bin2Int(b_{11} b_{12} \cdots b_{18}) \quad (8.5)$$

8.3.2 加密/解密过程

首先，随机选择初始密钥 x_{h0}，x_{h1}，x_{h2} 和 x_{h3} 按照图 8.2 的网络生成 128 比特 Hash 值 $(b_1 b_2 \cdots b_{24} \cdots b_{128})$。

然后，按如下方式构造 K_c，r_s，r_t，l_0 和 $C(0)$：

$K_c \leftarrow Bin2Int$（$b_1 b_2 ... b_{24}$）；

$r_s \leftarrow Bin2Int$（$b_{25} b_{26} ... b_{40}$）；

$r_t \leftarrow Bin2Int$（$b_{41} b_{42} ... b_{56}$）；

$x_{01} \leftarrow$（$0. b_{57} b_{58} ... b_{88}$）$_2$；

$x_{02} \leftarrow$（$0. b_{89} b_{90} ... b_{120}$）$_2$；

$l_0 \leftarrow Bin2Dec$（（$x_{01} + x_{02}$）$mod\ 1$）；

$C(0) \leftarrow Bin2Int$（$b_{121} b_{122} ... b_{128}$）。

函数 $Bin2Int(\cdot)$ 表示将二进制转成对应的十进制整数；$Bin2Dec(\cdot)$ 表示将对应的二进制转成十进制小数。

最后，按照式（8.2）和式（8.3）排列图像像素的位置和修改像素的灰度值。

其解密过程是加密过程的逆过程。认证过程只需对解密后的图像再次生成 Hash 值，然后与收到的 Hash 值进行比较即可完成。

8.4 图像加密与认证性能分析

8.4.1 Hash 性能分析

扩散与混淆是加密算法的两个基本条件，Hash 函数也不例外，也应该满足这两个基本条件。对于二进制格式的 Hash 值，每个比特可能的取值是 0 和 1，因此，对于一个理想的 Hash 函数来讲，初值的任何微小变化都将导致最后的 Hash 值的每个比特以 50% 的概率发生改变。通常，Hash 函数的安全性很难用理论来证明，一般采用概率统计的方法来分析 Hash 函数的安全性。下面是常用的六个判断指标：

（1）最小改变比特数：$B_{min} = \min(B_1, B_2, \cdots, B_i, \cdots, B_N)$。

（2）最大改变比特数：$B_{max} = \max(B_1, B_2, \cdots, B_i, \cdots, B_N)$。

（3）平均变化的比特数：$\overline{B} = \dfrac{1}{N} \sum\limits_{i=1}^{N} B_i$。

（4）平均变化概率：$P = \dfrac{\overline{B}}{128} \times 100\%$。

（5）变化比特数的标准差：$\Delta B = \sqrt{\dfrac{1}{N-1} \sum\limits_{i=1}^{N} (B_i - \overline{B})^2}$。

（6）变化概率的标准差：$\Delta P = \sqrt{\dfrac{1}{N-1} \sum\limits_{i=1}^{N} \left(\dfrac{B_i}{128} - P\right)^2} \times 100\%$。此处，$N$ 是测试次数，B_i 是第 i 次的比特变化数。

对于一个理想的 Hash 函数（128 比特的 Hash 值），要求 $B_{\min}$、$B_{\max}$ 和 $\overline{B}$ 尽量接近 64，P 的理想值是 50%，而 ΔP 和 ΔB 要尽可能小。

在 Hash 过程中的抗碰撞分析时，采用如下判断标准：

$$W_M(w) = M \times \mathrm{Prob}\{w\} = M \frac{s!}{w!(s-w)!} \left(\frac{1}{2^k}\right)^w \left(1 - \frac{1}{2^k}\right)^{s-w} \quad (8.6)$$

其中 $k=8$，$s=128/k=16$，$w=0, 1, \cdots, s$。当 $M=10000$ 时，W 的理论值如下：$W_M(0) = 9392.98$，$W_M(1) = 589.36$，$W_M(2) = 17.33$，$W_M(3) = 0.32$，$W_M(4) = 0.0041$，$W_M(16) = 2.94 \times 10^{-39}$。

实验过程中，我们随机取 $x_{h0} = 0.2467397419$，$x_{h1} = 0.4567943241$，$x_{h2} = 0.6349032456$，$x_{h3} = 0.8325096845$。初始时设 $x_0 \leftarrow x_{h0}$，$x_1 \leftarrow x_{h1}$，$x_2 \leftarrow x_{h2}$，$x_3 \leftarrow x_{h3}$。按如下几种场景进行 Hash 测试：

场景 1：如图 8.3 所示的 512×512 的 8 比特灰度图像。

图 8.3　原始 Lena 图

场景 2：将图 8.3 图像的右下角像素值加 1。

场景 3：将图 8.3 图像的左上角像素值减 1。

场景 4：改变密钥 $x_3 = 0.8325096845$ 为 0.8325096846，同时使用原始图 8.3。

相应的 128 比特的 Hash 值如下：

场景 1：2FE487D0C2CA919C7975333ADAC7FC15

场景 2：A0D9EBC6F3F00F3CC7693DC799574020

场景 3：E8C930AB8E31B9955AB1430076BB9B0F

场景 4：648C439FECAB9FA51933EF017E934F48

本书提出的基于混沌映射网络的图像加密与认证算法的 Hash 性能的判断指标的实验仿真结果如表 8.1、表 8.2 所示。

表 8.1   **HASH 过程的统计性能**

项目	$M = 512$	$M = 2048$	$M = 10000$
$B_{\min}$	59	44	42
$B_{\max}$	80	83	83
$\overline{B}$	64.06	64.01	63.94
$P(\%)$	50.05	50.00	49.95
ΔB	5.93	5.66	5.68
$\Delta P(\%)$	4.63	4.43	4.43

表 8.2   **HASH 过程的抗碰撞统计分析**

w	0	1	2	3	>3
$W_{10000}(w)$	9390	590	19	1	0

8.4.2 密码学性能分析

实验过程中，我们仍然采用 8.3 节的图像和初始值。实验结果如下。

8.4.2.1 密钥空间分析

对任何加密算法来说，足够大的密钥空间是防止暴力攻击的必要条件。本书提出的算法的密钥由 x_{h0}，x_{h1}，x_{h2} 和 x_{h3} 产生的 128 比特的 Hash 值作为图像的加密密钥。由于 Hash 值对初值的敏感性，加密过程中的密钥空间达到 $2^{128} \approx 3.4028 \times 10^{38}$。这对绝大多数的暴力攻击来说，这个密钥空间也是足够大的了。

8.4.2.2 密钥敏感性分析

为了评价算法的密钥敏感性，我们将密钥 x_{h3} 从 0.8325096845 改为 0.8325096846，并记为 x'_{h3}。用新的密钥重新对原始图像进行加密，实验结果如图 8.4 所示。比较发现，图 8.4（c）和图 8.4（b）之间有 99.62% 的像素值发生了改变。这表明，即使密钥有 10^{-10} 的差异，得到的加密后图像也是完全不同的。

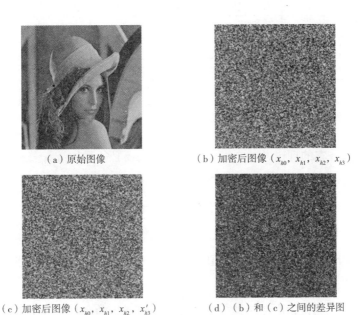

（a）原始图像   （b）加密后图像（x_{h0}, x_{h1}, x_{h2}, x_{h3}）

（c）加密后图像（x_{h0}, x_{h1}, x_{h2}, x'_{h3}）   （d）（b）和（c）之间的差异图

图 8.4 密钥敏感性测试

8.4.2.3 抗差分攻击分析

如果明文图中的一个微小变化都会引起密文图的巨大差异，那么差分

攻击将会很难奏效。为了评价一个算法的抗差分攻击能力，通常有下面两个度量指标（指标的定义见第5.3.5小节）：

（1）像素变化率（number of pixels change rate，NPCR）。

（2）一致平均变化强度（unified average changing intensity，UACI）。

实验结果如表8.3所示，实验结果表明，本书提出的方法仅需要一轮的加密过程即能满足通常的密码学性能需要，从而实现了算法的快速性。

表8.3   **NPCR 和 UACI**

(m, n)	NPCR			UACI		
	本书的方法	文献 [7]	文献 [6]	本书的方法	文献 [7]	文献 [6]
$(1, 1)$	0.996185	—	—	0.334795	—	—
$(1, 2)$	—	0.686642	0.000179	—	0.208793	0.000040
$(1, 3)$	—	0.994370	0.000252	—	0.328191	0.000061
$(2, 2)$	—	0.996086	0.009903	—	0.334273	0.002623
$(4, 4)$	—	0.996143	0.992676	—	0.334972	0.317068
$(6, 3)$	—	0.996181	0.995865	—	0.334865	0.334197

8.4.2.4 抗统计分析

根据香农的理论，一个安全的加密算法还必须是抗统计分析的。为了抵抗强力统计分析，在加密过程中应该引入混淆和扩散两个过程。我们采用下面的两个度量指标用来评价算法的抗统计分析能力。

（1）明文图和密文图的灰度直方图差异。实验结果（见图8.5）表明，明文图经过加密后其灰度值分布已经相当均匀，几乎没有泄露明文图的任何统计信息。

（2）相邻像素的相关性。明文图中相邻像素的高相关性可能被用于统计分析。因此，一个安全的加密算法必须破坏这种相邻像素的高相关性，以便增强抗统计分析能力。实验中我们分别从明文图和密文图中各随机选择了10000对水平相邻、垂直相邻和对角相邻的像素对，进行相关性测试（相关性定义见5.2.6.4小节）。

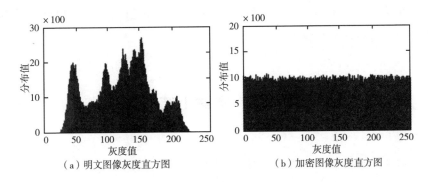

（a）明文图像灰度直方图　　　　（b）加密图像灰度直方图

图 8.5　明文图和密文图的灰度直方图

测试结果如图 8.6 和表 8.4 所示。从表 8.4 的数据可以看出，明文图中的相邻像素的相关性接近 1，而密文图的相邻像素的相关性几乎为 0。这表明算法已经成功地去除了相邻像素的相关性。

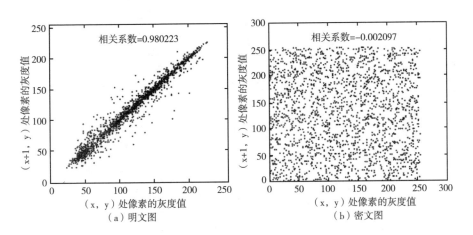

（a）明文图　　　　　　　　　（b）密文图

图 8.6　水平相邻像素的相关性

表 8.4　　　　　　图像中两个相邻像素之间的相关系数

项目	明文图	加密图
水平方向	0.980223	− 0.002097
垂直方向	0.986639	− 0.016187
对角方向	0.964683	0.017805

在接收端根据 Hash 的不可逆性对收到的图像进行认证，以便确认图像在传输过程中没有被非法篡改。

8.5　本章小结

本章详细描述了一种基于混沌映射网络的图像加密与认证算法，并对其密码学性能和 Hash 性能进行了详细的分析。理论分析和实验结果表明，本书提出的图像加密与认证算法既实现了算法的安全性又保证了接收端的图像认证功能。

参 考 文 献

［1］郝柏林.从抛物线谈起——混沌动力学引论［M］.上海：上海科技教育出版社，1993.

［2］刘式达等.自然科学中的混沌和分形［M］.北京：北京大学出版社，2003.

［3］陈士华等.混沌动力学初步［M］.武汉：武汉水利电力大学出版社，1998.

［4］陈式刚.映象与混沌［M］.北京：北京国防工业出版社，1992.

［5］陆启韶.分岔与奇异性［M］.上海：上海科技教育出版社，1995.

［6］舒斯特.混沌学引论［M］.成都：四川教育出版社，1994.

［7］吕金虎等.混沌时间序列分析及其应用［M］.武汉：武汉大学出版社，2002.

［8］Mallat S. Multifrequency channel decomposition of images and wavelet models［J］. IEEE Trans. ICASSP, 1989, 37 (12): 2091 - 2110.

［9］Mallat S. A theory for multiresolution signal decomposition: the wavelet representation［J］. IEEE Trans. Pattern Anal Mach Intel, 1989, 11 (7): 674 - 693.

［10］小野定康，铃木纯司，石英，强增福.JPEG2000 技术［M］.北京：科学出版社，2004.

［11］陶布曼，魏江力，柏正尧，等.JPEG2000 图像压缩基础、标准和实践［M］.北京：电子工业出版社，2004.

［12］廖晓峰等.混沌密码学原理及其应用［M］.北京：科学出版

社，2009.

［13］Liao X F，Wong K W，Leung C，Wu Z F. Hopf bifurcation and chaos in a single delayed neuron equation with non-monotonic activation function ［J］. Chaos Solitons & Fractals，2001，12（8）：1535 – 1547.

［14］彭军，廖晓峰，吴中福，等. 一个时延混沌系统的耦合同步及其在保密通信中的应用［J］. 计算机研究与发展，2003，40（2）：263 – 268.

［15］William S. 密码编码学与网络安全：原理与实践［M］. 杨明等译. 北京：电子工业出版社，2001.

［16］Kocarev L，Tasev Z. Public-key encryption based on Chebyshev maps［J］. Proceedings of the IEEE Symposium on Circuits and Systems（ISCAS 2003），2003（3）：28 – 31.

［17］Bergamo P，D'Arco P，Santis A，Kocarev L. Security of public key cryptosystems based on Chebyshev polynomials［J］. IEEE Transactions on Circuits and Systems-I，2005，52（7）：1382 – 1393.

［18］蔡皖东. 网络与信息安全［M］. 西安：西北工业大学出版社，2004.

［19］杨波. 网络安全理论与应用［M］. 北京：电子工业出版社，2002.

［20］Wenbo M. Modern cryptography：theory and practice［M］. New Jersey：Prentice Hall，2003.

［21］Jakimoski G，Kocarev L. Chaos and Cryptography：Block Encryption Ciphers Based on Chaotic Maps［J］. IEEE Trans. Circuits Syst. I，Fundam. Theory Appl. ，2001，48（2）：163 – 169.

［22］Matthews R. On the derivation of a "chaotic" encryption algorithm［J］. Cryptologis，1989，13（1）：29 – 42.

［23］冯登国. 密码学导论［M］. 北京：科学出版社，2001.

［24］Kohda T，Tsuneda A. Statistics of chaotic binary sequences［J］. IEEE Trans. Inform Theory，1997，43（1）：104 – 116.

［25］Habutsu T，Nishio Y，Sasase I，Mori S. A secret key cryptosystem by iterating a chaotic map ［J］. Lecture Notes in Computer Science, 1991 (547): 127 – 140.

［26］ Ruelle D. Ergodic theory of chaos and strange attractor ［J］. Rew. Math. Monthly, 1975 (82): 985 – 992.

［27］ 杨义先, 钮心忻, 任金强. 信息安全新技术 ［M］. 北京: 邮电大学出版社, 2002.

［28］ Schneier B. Applied cryptography-protocols, algorithms, and source code in C ［M］. New York, John Wiley & Sons, Second Ed, 1996.

［29］ Baptista M S. Cryptography with chaos ［J］. Physics Letters A, 1998 (240): 50 – 54.

［30］ Wong W-K, Lee L-P, Wong K-W. A modified chaotic cryptographic method ［J］. Computer Physics Communications, 2001 (138): 234 – 236.

［31］ Wong K-W. A fast chaotic cryptographic scheme with dynamic lookup table ［J］. Physics Letters A, 2002 (298): 238 – 242.

［32］ Palacios A, Juarez H. Cryptography with cycling chaos ［J］. Physics Letters A, 2002 (303): 345 – 351.

［33］ Wong K-W. A combined chaotic cryptographic and hashing scheme ［J］. Physics Letters A, 2003 (307): 292 – 298.

［34］ Wong K-W, Ho S-W, and Yung C-K. A chaotic cryptography scheme for generating short ciphertext ［J］. Physics Letters A, 2003 (310): 67 – 73.

［35］ Jakimoski G, Kocarev L. Analysis of some recently proposed chaos-based encryption algorithms ［J］. Physics Letters A, 2001 (291): 381 – 384.

［36］ Alvarez G, Montoya F, Romera M, Pastor G. Cryptanalysis of an ergodic chaotic cipher ［J］. Physics Letters A, 2003 (311): 172 – 179.

［37］ Li S J, Mou X Q, Ji Z, Zhang J H, Cai Y L. Performance analysis of Jakimoski-Kocarev attack on a class of chaotic cryptosystems ［J］. Physics Letters A, 2003 (307): 22 – 28.

[38] Alvarez G, Montoya F, Romera M, Pastor G. Cryptanalysis of dynamic look-up table based chaotic cryptosystems [J]. Physics Letters A, 2004 (326): 211 – 218.

[39] Alvarez G, Montoya F, Romera M, Pastor G. Keystream cryptanalysis of a chaotic cryptographic method [J]. Computer Physics communications, 2004 (156): 205 – 207.

[40] Li S J, Chen G R, Wong K-W, Mou X Q, Cai Y L. Baptista-type chaotic cryptosystems: problems and countermeasures [J]. Physics Letters A, 2004 (332): 368 – 375.

[41] Alvarez E, Fernández A, García P, Jiménez J, Marcano A. New approach to chaotic encryption [J]. Physics Letters A, 1999 (263): 373 – 375.

[42] García P, Jiménez J. Communication through chaotic map systems [J]. Physics Letters A, 2002 (298): 34 – 40.

[43] Alvarez G, Montoya F, Romera M, Pastor G. Cryptanalysis of a chaotic secure communication system [J]. Physics Letters A, 2003 (306): 200 – 205.

[44] Li S J, Mou X Q, Cai Y L. Improving security of a chaotic encryption approach [J]. Physics Letters A, 2001 (290): 127 – 133.

[45] Alvarez G, Montoya F, Romera M, Pastor G. Cryptanalysis of a chaotic encryption system [J]. Physics Letters A, 2000 (276): 191 – 196.

[46] Papadimitriou S, Bountis T, Mavaroudi S, Bezerianos A. A probabilistic symmetric encryption scheme for very fast secure communications based on chaotic systems of difference equations [J]. International Journal of Bifurcation and Chaos, 2001, 11 (12): 3107 – 3115.

[47] Tenny R, Tsimring L S, Larson L, Abarbanel H D I. Using distributed nonlinear dynamics for public key encryption [J]. Physical Review Letters, 2003, 90 (4): 047903.

[48] Bergamo P, D'Arco P, Santis A, Kocarev L. Security of public key

cryptosystems based on Chebyshev polynomials［J］. 2005（52）：1382 – 1393.

［49］Kocarev L, Sterjev M, Fekete A, Vattay G. Public-key encryption with chaos［J］. 2004, 14（4）：1078 – 1082.

［50］周红, 俞军, 凌燮亭. 混沌前馈型流密码的设计［J］. 电子学报, 1998, 26（1）：98 – 101.

［51］桑涛, 王汝笠, 严义埙. 一类新型混沌反馈密码序列的理论设计［J］. 电子学报, 1999, 27（7）：47 – 50.

［52］周红, 罗杰, 凌燮亭. 混沌非线性反馈密码序列的理论设计和有限精度实现［J］. 电子学报, 1997, 25（10）：57 – 60.

［53］Kocarev L, Jakimoski G. Pseudorandom bits generated by chaotic maps ［J］. IEEE Transactions on Circuits and Systems-I, 2003, 50（1）：123 – 126.

［54］Pareek N K, Patidar V, Sud K K. Discrete chaotic cryptography using external key［J］. Physics Letters A, 2003, 309（1 – 2）：75 – 82.

［55］孙淑玲. 应用密码学［M］. 北京：清华大学出版社, 2004.

［56］Dutta A, Das S, Li P, McAuley A, Ohba Y, Baba S, Schutzrinne H. Secured mobile multimedia communication for wireless internet［J］. 2004 IEEE International Conference on Networking, Sensing and Control, 2004（1）：180 – 185.

［57］Tang G P, Liao X F, Xiao D, Li C D. A Secure Communication Scheme Based on Symbolic Dynamics［J］. 2004 International Conference on Communications, Circuits and Systems, ICCCAS2004. 2004（I）：13 – 17.

［58］Li S J, Mou X Q, Yang B L, Ji Z, Zhang J H. Problems with a probabilistic encryption scheme based on chaotic systems［J］. International Journal of Bifurcation and Chaos, 2003, 11（10）：3063 – 3077.

［59］Fridrich J. Symmetric cipher based on two dimensional chaotic maps ［J］. International Journal of Bifurcation and Chaos, 1998, 8（6）：1259 – 1284.

［60］Marañón G, Encinas L, Vitini F, Masqué J. Cryptanalysis of a novel cryptosystem based on chaotic oscillators and feedback inversion［J］. Journal of Sound and Vibration, 2004 (275): 423 – 430.

［61］ Wong W K, Lee L P, Wong K W. Reply to the comment "key-stream cryptanalysis of a chaotic cryptographic method" ［J］. Computer Physics and Communications, 2004 (156): 208.

［62］ 李树钧. 数字化混沌密码的分析与设计 ［D］. 西安: 西安交通大学, 2003.

［63］ Yi X, Tan C H, Siew C K. A new block cipher based on chaotic tent maps ［J］. IEEE Trans Circuits System I, 2002, 49 (12): 1826 – 1829.

［64］ Jakimoski G, Kocarev L. Chaos and cryptography: block encryption ciphers based on chaotic maps ［J］. IEEE Trans Circuits System I, 2001, 48 (2): 163 – 169.

［65］ Yang H Q, Liao X F, Wong K-W, Zhang Wei, Wei P C. A new block cipher based on chaotic map and group theory ［J］. Chaos Solitons & Fractals, 2009, 40 (1): 50 – 59.

［66］ Li S J, Mou X Q, Cai Y L. Pseudo-random bit generator based on couple chaotic systems and its applications in 289 stream-cipher cryptography ［J］. Lecture Notes in Computer Science, 2001 (2247): 316 – 329.

［67］ Goldberg D, Priest D. What every computer scientist should know about floating-point arithmetic ［J］. ACM Comp Surv 295, 1991, 23 (1): 5 – 48.

［68］ Tang G, Liao X F. A novel method for designing S-boxes based on chaotic maps ［J］. Chaos, Solitons & Fractals, 2005 (23): 413 – 419.

［69］ Knuth D E. The Art of Computer Programming. Seminumerical Algorithms ［M］. Addison Wesley, 1998.

［70］ Wheeler D D, Mathews R A J. Supercomputer investigations of a chaotic encryption algorithm ［J］. Cryptologia, 1991, 15 (2): 140 – 52.

［71］ Daemen J, Rijmen V. The Block Cipher Rijndael ［J］. Lecture Notes in Computer Science, 2000 (1820): 277 – 284.

［72］ Yang H Q, Liao X F, Wong K, Zhang W, Wei P C. A New Crypt-osystem Based on Chaotic Map and Operations Algebraic ［J］. Chaos Solitons & Fractals, 2009, 40 (5): 2520 – 2531.

［73］ Cheng P G, Yang H Q, Zhang W, Wei P C. A fast image encryp-tion algorithm based on chaotic map and lookup table ［J］. Nonlinear Dyn, 2015, 10. 1007/s11071 – 014 – 1798 – y.

［74］ NIST Special Publication 800 – 22 rev la ［EB/OL］. http: // csrc. nist. gov/groups/ST/toolkit/rng/index. html.

［75］ Chen G, Mao Y, Chui C K. A symmetric image encryption scheme based on 3D chaotic cat maps ［J］. Chaos, Solitons & Fractals, 2003 (21): 749 – 761.

［76］ Wang K, Pei W J, Zou L H, Song A G, He Z Y. On the security of 3D Cat map based symmetric image encryption scheme ［J］. Physics Letters A, 2005 (343): 432 – 439.

［77］ Wen J, Kim H, Villasenor J D. Binary arithmetic coding with key-based interval splitting ［J］. IEEE trans. Signal Process Lett. 2006, 13 (2): 69 – 72.

［78］ Kim H, Wen J, Villasenor J D. Secure Arithmetic Coding ［J］. IEEE trans. Signal Process. 2007, 55 (5): 2263 – 2272.

［79］ Bose R, Pathak S. A Novel Compression and Encryption Scheme Using Variable Model Arithmetic Coding and Coupled Chaotic System ［J］. IEEE Trans. Circuits Syst I. , regular paper, 2006, 53 (4): 848 – 857.

［80］ Wong K W, Yuen C H. Embedding Compression in Chaos-Based Cryptography ［J］. IEEE trans. Circuits Syst II, express briefs, 2008, 55 (11): 1193 – 1197.

［81］ Mao Y N, Wu M. A Joint Signal Processing and Cryptographic Ap-proach to Multimedia Encryption ［J］. IEEE Trans, Image Processing, 2006, 15 (7): 2061 – 2075.

［82］Said A, Pearlman W A. A new, fast, and efficient image codec based on set partitioning in hierarchical trees［J］. IEEE Trans, Image Processing, 1996, 5 (9): 1303 – 1310.

［83］Shapiro J M. Embedded image coding using zerotrees of wavelets coefficients［J］. IEEE Trans. Signal Processing, 1993, 41 (12): 3445 – 3462.

［84］Luo R C, Chung L Y, Lien C H. A novel symmetric cryptography based on the hybrid Haar wavelets encoder and chaotic masking scheme［J］. IEEE Trans. Industrial Electronics, 2002, 49 (4): 933 – 944.

［85］Chan K S, Fekri F. A Block Cipher Cryptosystem Using Wavelet Transforms Over Finite Fields［J］. IEEE Trans. Signal Processing, 2004, 52 (10): 933 – 944.

［86］Lian S, Sun J, Wang Z. Perceptual cryptography on SPIHT compressed images or videos［J］. Proc. IEEE Int. Conf. Multimedia Expo, 2004 (3): 2195 – 2198.

［87］Shannon C. Communication theory of secrecy systems［J］. Bell System Tech. J, 1948 (28): 656 – 715.

［88］Lin R, Mao Y B, Wang Z Q. Chaotic secure image coding based on SPIHT［J］. Proc. IEEE Int. Conf. Communications and Networking in China, 2008: 1294 – 1294.

［89］杨华千, Kwok-Wo Wong, 廖晓峰, 张伟, 韦鹏程. 基于 SPIHT 的图像加密与压缩关联算法［J］. 物理学报, 2012 (4): 040505.

［90］Yang H Q, Liao X F, Wong K-W, Zhang W, Wei P C. A fast image encryption and authentication scheme based on chaotic maps［J］. Communications in Nonlinear Science and Numerical Simulation, 2010 (15): 3507 – 3517.

［91］鲍尔. 密码编码和密码分析原理与方法［M］. 吴世忠译. 北京: 机械工业出版社, 2001.

［92］Lian S G, Sun J, Wang Z. A block cipher based on a suitable use of the chaotic standard map [J]. Chaos Soliton Fract, 2005 (26): 117 – 129.

[93] Wong K W, Kkwok S H, Law W S. A fast image encryption scheme based on chaotic standard map [J]. Phys Lett A, 2008 (372): 2645 – 2652.

[94] Unser M. Texture classification and segmentation using wavelet frames [J]. IEEE Transactions on Image Processing, 1995, 4 (11): 1549 – 1560.

[95] Rioul O. A discrete-time multiresolution theory [J]. IEEE Trans. Signal Processing, 1993, 41 (8): 2591 – 2606.

[96] Antonini M, Barlaud M, Mathieu P. Image coding using lattic vector quantization of wavelet coeffients [J]. Proc. IEEE Int. Conf. ASSP, Tornto in Canada, 1991: 2273 – 2276.

[97] Vetterli M, Herley C. Wavelets and filter banks: Relationships and new ewsults [J]. Proc. IEEE Int. Conf. ASSP, Albuquerque in NM, 1990: 1723 – 1726.

[98] Liu Jiang-Lung. Efficient selective encryption for JPEG 2000 images using private initial table [J]. Pattern Recognition, 2006, 39 (8): 1509 – 1517.